10	11	12	13	14	15	16	17	18
								₂He Helium ヘリウム 4.003 $1s^2$
			₅B Boron ホウ素 10.81 $[He]2s^22p^1$	₆C Carbon 炭素 12.01 $[He]2s^22p^2$	₇N Nitrogen 窒素 14.01 $[He]2s^22p^3$	₈O Oxygen 酸素 16.00 $[He]2s^22p^4$	₉F Fluorine フッ素 19.00 $[He]2s^22p^5$	₁₀Ne Neon ネオン 20.18 $[He]2s^22p^6$
			₁₃Al Aluminium (Aluminum) アルミニウム 26.98 $[Ne]3s^23p^1$	₁₄Si Silicon ケイ素 28.09 $[Ne]3s^23p^2$	₁₅P Phosphorus リン 30.97 $[Ne]3s^23p^3$	₁₆S Sulfur 硫黄 32.07 $[Ne]3s^23p^4$	₁₇Cl Chlorine 塩素 35.45 $[Ne]3s^23p^5$	₁₈Ar Argon アルゴン 39.95 $[Ne]3s^23p^6$
₂₈Ni Nickel ニッケル 58.69 $[Ar]3d^84s^2$	₂₉Cu Copper 銅 63.55 $[Ar]3d^{10}4s^1$	₃₀Zn Zinc 亜鉛 65.38 $[Ar]3d^{10}4s^2$	₃₁Ga Gallium ガリウム 69.72 $[Ar]3d^{10}4s^24p^1$	₃₂Ge Germanium ゲルマニウム 72.63 $[Ar]3d^{10}4s^24p^2$	₃₃As Arsenic ヒ素 74.92 $[Ar]3d^{10}4s^24p^3$	₃₄Se Selenium セレン 78.97 $[Ar]3d^{10}4s^24p^4$	₃₅Br Bromine 臭素 79.90 $[Ar]3d^{10}4s^24p^5$	₃₆Kr Krypton クリプトン 83.80 $[Ar]3d^{10}4s^24p^6$
₄₆Pd Palladium パラジウム 106.4 $[Kr]4d^{10}$	₄₇Ag Silver 銀 107.9 $[Kr]4d^{10}5s^1$	₄₈Cd Cadmium カドミウム 112.4 $[Kr]4d^{10}5s^2$	₄₉In Indium インジウム 114.8 $[Kr]4d^{10}5s^25p^1$	₅₀Sn Tin スズ 118.7 $[Kr]4d^{10}5s^25p^2$	₅₁Sb Antimony アンチモン 121.8 $[Kr]4d^{10}5s^25p^3$	₅₂Te Tellurium テルル 127.6 $[Kr]4d^{10}5s^25p^4$	₅₃I Iodine ヨウ素 126.9 $[Kr]4d^{10}5s^25p^5$	₅₄Xe Xenon キセノン 131.3 $[Kr]4d^{10}5s^25p^6$
₇₈Pt Platinum 白金 195.1 $[Xe]4f^{14}5d^96s^1$	₇₉Au Gold 金 197.0 $[Xe]4f^{14}5d^{10}6s^1$	₈₀Hg Mercury 水銀 200.6 $[Xe]4f^{14}5d^{10}6s^2$	₈₁Tl Thallium タリウム 204.4 $[Xe]4f^{14}5d^{10}6s^26p^1$	₈₂Pb Lead 鉛 207.2 $[Xe]4f^{14}5d^{10}6s^26p^2$	₈₃Bi Bismuth ビスマス 209.0 $[Xe]4f^{14}5d^{10}6s^26p^3$	₈₄Po Polonium ポロニウム (210) $[Xe]4f^{14}5d^{10}6s^26p^4$	₈₅At Astatine アスタチン (210) $[Xe]4f^{14}5d^{10}6s^26p^5$	₈₆Rn Radon ラドン (222) $[Xe]4f^{14}5d^{10}6s^26p^6$
₁₁₀Ds Darmstadtium ダームスタチウム (281) $[Rn]5f^{14}6d^97s^1$	₁₁₁Rg Roentgenium レントゲニウム (280) $[Rn]5f^{14}6d^{10}7s^1$	₁₁₂Cn Copernicium コペルニシウム (285) $[Rn]5f^{14}6d^{10}7s^2$	₁₁₃Nh Nihonium ニホニウム (278) $[Rn]5f^{14}6d^{10}7s^27p^1$	₁₁₄Fl Flerovium フレロビウム (289) $[Rn]5f^{14}6d^{10}7s^27p^2$	₁₁₅Mc Moscovium モスコビウム (289) $[Rn]5f^{14}6d^{10}7s^27p^3$	₁₁₆Lv Livermorium リバモリウム (293) $[Rn]5f^{14}6d^{10}7s^27p^4$	₁₁₇Ts Tennessine テネシン (293) $[Rn]5f^{14}6d^{10}7s^27p^5$	₁₁₈Og Oganesson オガネソン (294) $[Rn]5f^{14}6d^{10}7s^27p^6$
₆₃Eu Europium ユウロピウム 152.0 $[Xe]4f^76s^2$	₆₄Gd Gadolinium ガドリニウム 157.3 $[Xe]4f^75d^16s^2$	₆₅Tb Terbium テルビウム 158.9 $[Xe]4f^96s^2$	₆₆Dy Dysprosium ジスプロシウム 162.5 $[Xe]4f^{10}6s^2$	₆₇Ho Holmium ホルミウム 164.9 $[Xe]4f^{11}6s^2$	₆₈Er Erbium エルビウム 167.3 $[Xe]4f^{12}6s^2$	₆₉Tm Thulium ツリウム 168.9 $[Xe]4f^{13}6s^2$	₇₀Yb Ytterbium イッテルビウム 173.0 $[Xe]4f^{14}6s^2$	₇₁Lu Lutetium ルテチウム 175.0 $[Xe]4f^{14}5d^16s^2$
₉₅Am Americium アメリシウム (243) $[Rn]5f^77s^2$	₉₆Cm Curium キュリウム (247) $[Rn]5f^76d^17s^2$	₉₇Bk Berkelium バークリウム (247) $[Rn]5f^97s^2$	₉₈Cf Californium カリホルニウム (252) $[Rn]5f^{10}7s^2$	₉₉Es Einsteinium アインスタイニウム (252) $[Rn]5f^{11}7s^2$	₁₀₀Fm Fermium フェルミウム (257) $[Rn]5f^{12}7s^2$	₁₀₁Md Mendelevium メンデレビウム (258) $[Rn]5f^{13}7s^2$	₁₀₂No Nobelium ノーベリウム (259) $[Rn]5f^{14}7s^2$	₁₀₃Lr Lawrencium ローレンシウム (262) $[Rn]5f^{14}6d^17s^2$

日本化学会 原子量専門委員会「原子量表(2019)」準拠

E-コンシャス

セラミックス材料

橋本和明　小林憲司　山口達明

三共出版

はじめに

　セラミックス材料は，金属材料，高分子材料とともに3大工業材料の1つであり，これらの中で最も古くからある材料である。日本では縄文式土器，弥生式土器に始まり，時代を経て陶器・磁器へと発展し，近年では先進セラミックス（ファインセラミックス）へと技術伝承されて高度に発展を遂げてきた。とくに日常生活の中では自動車，電気・電子・情報，医療・美容，建築・土木，航空・宇宙，環境・衛生に至る多くの産業分野において利用されている。材料の科学・技術の進歩は，産業のあらゆる分野での発展と成長には不可欠であり，現代社会は多くの先進的な材料によって支えられている。一方，新しい工業材料の開発や材料の大量消費は深刻な環境問題を引き起こし，資源・エネルギー問題とも密接に関係している。そのため，これからの材料の科学・技術には，単に材料の種類や特性を知るだけではなく，環境に配慮した材料の設計と材料の製造が重要な課題である。

　このような観点にたって，多様な工業材料を理解するために企画されたのが三共出版の「E-コンシャス」シリーズである。本書は，その中の1冊で，主としてセラミックス材料について扱う。これからのセラミックス材料の発展のためには，これまでのセラミックス基盤技術と，持続可能な環境に対して低負荷なもので，新エネルギー創成に関連し，稀少元素を大量に用いない新材料の開発がますます重要となってくる。そこで本書の構成を次のようにして，視野の広い学びができるように配慮した。まず，第1章では人類の進歩と材料のかかわり合いとその背景などについて振り返った後，今後の工業材料の社会的要請について説明している。次いで，セラミックス材料，金属材料および高分子材料を含めた工業材料について，物質構造や全般的な性質について比較しながら解説し，各材料の特性を理解するように努めている。第3章には固体化学を中心に結晶化学，相平衡と相図を説明し，第4章以降ではセラミックス材料について，その基礎から始まり，各種セラミックス材料の特徴のみならず，将来的な発展が期待される環境関連および生体関連のセラミックス材料について言及している。

　大学の教育課程の多様化やセメスター制への移行から，無機化学，固体化学，材料科学全般に関わる講義時間数も圧縮される傾向にある。本書は，無機化学および固体化学を最初のところで復習し，セラミックスの材料科学・技術を学ぼうとする学生を主な対象として構成されている。4章以降のセラミックス材料に関する内容については，理工系学部生として知っておくべき重要な項目を中心に紹介した。最後の8章では，将来を見越して環境関連および生体関連のセラミックス材料として必要な特性に重点をおいて解説した。

また，セラミックス材料に関するコラムと図表にも解説を多めに加えて紹介した。

　本書の執筆にあたって，多くの図書を参考にさせていただいた。巻末に表示し深く感謝の意を表します。また，執筆するにあたり，多大なご尽力を頂いた三共出版の秀島功氏に深謝いたします。

2010 年 3 月 5 日

橋本和明

「E–コンシャス」とは，
一般に，エコとか ECO と呼称されているが，「環境に配慮した」という意味の英語 "Environment-Conscious"（元来の用法では be conscious of the environment）に由来する造語である。

目　次

1　人類と材料のかかわり
1.1　道具・材料から見た人類の歴史 …………………………… 2
1.2　材料開発に対する化学の力 ………………………………… 2
1.3　工業材料に対する社会的要請 ……………………………… 4

2　材料物質の特性
2.1　物質構造の階層性と化学結合の多様性 …………………… 8
2.2　力学的性質 …………………………………………………… 10
2.3　熱的性質 ……………………………………………………… 12
2.4　光学的性質 …………………………………………………… 14
2.5　電気的性質 …………………………………………………… 16
2.6　磁気的性質 …………………………………………………… 18
2.7　物質材料特性の総括 ………………………………………… 20

3　固体化学の基礎
3.1　共有結合の古典的な考え方 ………………………………… 24
3.2　量子力学による共有結合の考え方 ………………………… 26
3.3　いろいろな共有結合 ………………………………………… 28
3.4　混成軌道 ……………………………………………………… 30
3.5　配位結合と錯体 ……………………………………………… 32
3.6　分子間力と水素結合 ………………………………………… 34
3.7　イオン結合 …………………………………………………… 34
3.8　金属結合 ……………………………………………………… 36
3.9　金属結晶の構造 ……………………………………………… 38
3.10　固体の性質 …………………………………………………… 40
3.11　状態変化と相平衡 …………………………………………… 42

4　セラミックスの特徴
4.1　セラミックスの化学結合 …………………………………… 48
4.2　伝統的セラミックス ………………………………………… 50

4.3　先進セラミックス …………………………………………… 56
　4.4　セラミックスの状態 ………………………………………… 58
　4.5　先進セラミックスの特徴 …………………………………… 60

5　セラミックスの構造
　5.1　セラミックスの結晶構造 …………………………………… 68
　5.2　セラミックス結晶の不完全性と特性変化 ………………… 70
　5.3　セラミックス中の物質移動 ………………………………… 72

6　セラミックスの製造
　6.1　セラミックスの原料 ………………………………………… 78
　6.2　多結晶体セラミックスの製造プロセス …………………… 80
　6.3　単結晶セラミックスの製造プロセス ……………………… 88
　6.4　薄膜セラミックスの製造プロセス ………………………… 90

7　汎用および高性能セラミックス材料
　7.1　アルミナセラミックス ……………………………………… 94
　7.2　ジルコニアセラミックス …………………………………… 96
　7.3　二酸化チタン ………………………………………………… 98
　7.4　非酸化物系セラミックス …………………………………… 100
　7.5　カーボン系セラミックス …………………………………… 102

8　環境・エネルギー・生命とセラミックス材料
　8.1　環境・エネルギー関連セラミックス ……………………… 106
　8.2　生体関連セラミックス ……………………………………… 116
　　8.2.1　バイオセラミックス …………………………………… 116
　　8.2.2　医療用セラミックス機材・機器 ……………………… 132

コラム
グリーンケミストリー　6／波長と周波数による電磁波の分類（名称）　22／結晶構造　46／材料の代表的な応力-ひずみ線図　66／配位数とイオン半径比との関係　69／固体の拡散速度　72／拡散反応の温度依存性　73／固相反応の反応速度(Janderの式)　74／イオン結晶の基礎　75／結晶構造の表現方法　76／焼結と粒成長　92／二酸化チタンの超親水性　99／エコマテリアルとしての軽量高強度材料　100／発光ダイオードを用いた白色化蛍光体　101／電気二重層キャパシタお

よび2次電池に利用されるカーボン材料　104／色素増感太陽電池に重要な二酸化チタン　104／水酸アパタイトの複合化技術　124／骨リモデリング　129／骨細胞の分化マーカー　130／材料への細胞接着　131／幹細胞の分化　131／電池と材料　136／細胞周期と細胞増殖　137／組織工学と細胞外マトリックス　137／コラーゲン　137／ラミニン　137

参考図書 ………………………………………………… 139
索　引 ………………………………………………… 141

1

人類と材料のかかわり

人類の進化と道具材料の進歩

年代（年前）	史的年代	考古年代	人類	文化	道具材料
300万年			猿人		礫石器
50万年	先史時代	旧石器時代	原人	採集狩猟	剥片石器
20万年			旧人		
4万年			新人		骨角器
9千年		新石器時代	（現生人類）	農耕牧畜	磨製石器・土器
5千5百年	原史時代	青銅器時代	（シュメール）	灌漑農業	青銅器
3千5百年	歴史時代	鉄器時代	（ヒッタイト）	・手工業	鉄器

1.1 道具・材料から見た人類の歴史

この地球上に人類が誕生して以来,「道具の使用」,「火の使用」の能力を与えられたことが, ヒトを他の動物の知能と大きく隔てたと一般に認識されている。

ヒトの能力獲得を現代の工学的見方で解釈すると次のように考えられる。樹木を加工（つまり物理的変化）し目的にあった道具として利用することがまず始まったであろう。人の手が加わりある目的に使用された形跡がある石, つまり, 石器は遺跡から今も数多く出土する。さらに, ヒトは「火」というエネルギーを生み出す手法を見出し, そのための材料（つまり燃料）を手にした。火の使用は, 生活環境の確保改善をもたらしたばかりでなく, そのエネルギーによって, 材料を物質的に変化（化学的変化）させて新しい素材を作り出した。我が国の各地からも出土する各種の土器は, 当時の人々の高度な技能ばかりでなく芸術的感性の豊かさを表わしている。青銅（銅と錫の合金）器, ついで鉄器の発明は火の利用なくしては考えられない。つまり, 化学的にいえば酸化物の状態で産出するこれらの金属の鉱石を木炭とともに加熱することで還元（炭素によって酸化物の酸素をCO_2として除去）し, 金属を得る技術によってこれらの金属器は生まれたのである。

石器時代, 青銅器時代, あるいは鉄器時代というふうに, 開発された材料の名で古代の考古年代が区分されていることは, 人類の発展が材料とともにあったことを裏付ける。しかし, いつ誰によってその材料が開発されたかは, 先史時代はもちろん, 歴史が書き残されるような時代になってもほとんど不明である。気の遠くなるほどの長い時間をかけ, 数多くの人々の手によって少しずつ進められ, 伝えられてきた。彼らは, 今では職人あるいは技能者と呼ばれる人々であろう。おそらく何度も何度も失敗を繰り返しつつ技術を積み重ねていったに違いない。そのような人達の才覚によって開発された技術をもとに, その後理論が立てられ近代的な学問が成立して今日に至っているといえる。

1.2 材料開発に対する化学の力

近代化学が始まったのは17～18世紀といわれるが, それまでの長い長い錬金術の時代に培われた実験技術をもとにして化学の理論化が推し進められた。物質材料の世界では, 近年, 化学という学問をもとにした創意工夫によって, 思いもつかなかったような新しい材料（新素材, ニューマテリアル）が, まさに日進月歩で開発されている。

20世紀までの材料開発は,

① 材料の性能を最大限に高めることと,

② その製造コストを低減すること

を目標としてきた。

ところが, 生産活動の規模拡大により, 今日では, 人類活動の影響が地球環境にとって無視できない規模に達してしまった。そのため, 21世紀型の材料開発には,

③環境負荷を客観的に評価した環境調和性を第3の指標としてクリアしなければならず, より高度な化学技術が要求されるようになってきている。

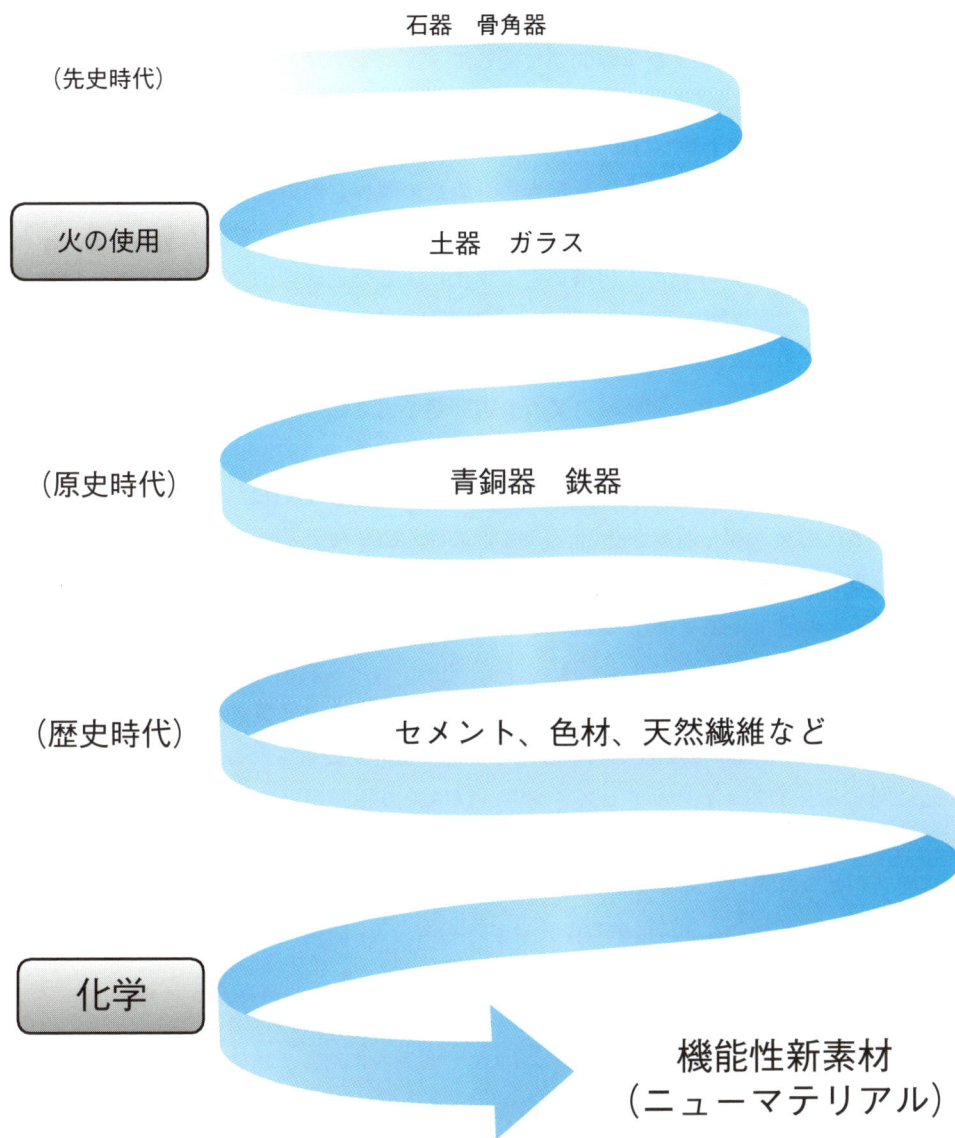

図1-1 材料の進歩をもたらした「火の使用」そして「化学の力」

1.3　工業材料に対する社会的要請

1972年は，地球環境および資源問題に関してターニングポイントの年であったといえる。6月に国連人間環境会議（ストックホルム会議）が開催されたのをきっかけに，その年の末には，国連環境計画（UNEP），ユネスコ世界遺産条約がスタートした。さらに，ローマクラブ（1970年設立）による報告書『成長の限界』が公表され，人口増加や環境汚染がそのままの傾向で進めば，21世紀内に人類の危機がくると警告を発し各界に大きな衝撃を与えた。1960年代の人口増加と工業化による幾何級数的な経済成長は，再生不能な資源の枯渇，廃棄物による環境汚染，食糧不足をもたらすことが「世界モデル」を用いたシミュレーションが示された（図1-2）。

1960年代の経済成長は，同時に企業の公害問題を引き起こして社会的注目を集め，公害防止技術が進歩を見せた。70年代には，2度（1973年と1978年）にわたるオイルショックに見舞われ，その影響がとくに大きかった我が国は，その後，省資源・省エネルギーのための技術を大きく進歩させた。1992年には，CO_2による温暖化問題が国連の場で取り上げられ（「地球サミット」リオデジャネイロ），1997年に各国の具体的なCO_2削減目標が定められ（京都議定書），各国が，地球温暖化防止技術に熱心に取り組むようになった。

このような流れから，21世紀には持続可能な循環型社会を構築する必要が叫ばれ，現代の産業界では，製品の機能性を高めるための材料特性が要求されるだけではなく，その製品に関するライフサイクルアセスメント（LCA）の評価が求められるようになっている。つまり，その製品の使用中のみならず，資源・原料から材料の製造プロセス，使用後の処理プロセスに関して適切な配慮をしなければ社会的に受け入れられなくなったからである。図1-3に示したように，全てのプロセスにおいて，エネルギーが必要であり，CO_2が排出され環境負荷がかかる。

材料製造に関しては，エコマテリアル（Environment Conscious Material, 環境に配慮した材料）の概念が提唱されている。エコマテリアルに対して求められている事柄を以下簡単に説明する。

① 資源性：原料の資源量が豊富であるか，資源採取に当たって環境破壊などの問題がないこと。
② プロセスのグリーン性：原料から材料製品を製造する化学工程がいわゆるグリーンケミストリー（Green Chemistry, 章末コラム参照）のプロセスとなっていること。
③ 製品の耐用性：使用中の材料劣化が少なく，耐用年数が長いこと（それだけ資源・環境に対する負荷が少ないことになる）。
④ 製品の安全性：使用時だけでなく製造時にも有害な環境汚染を出さないこと。
⑤ リサイクル性：なるべく省資源，省エネルギーで製造できること。

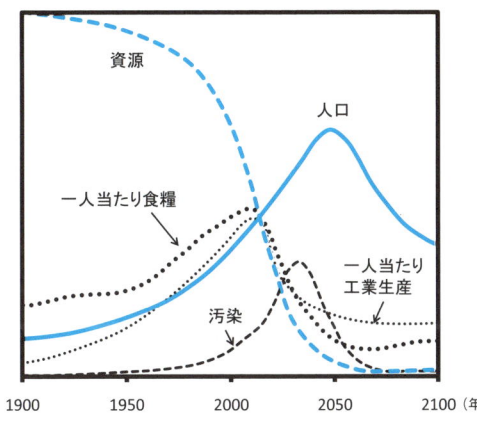

図1-2 「成長の限界」世界モデル

「世界モデル」では，五つの要因，①人口，②資源，③工業，④農業，⑤環境汚染に注目し，当時（1960年代）の状況に全く対応しなかったとしてシュミレートすると，2010～20年ごろには資源量の枯渇によって工業生産が減少し，食糧生産が追いつかなくなり，2050年ごろから世界人口が減少し始め，人類は絶滅の道へと進むと警告している。

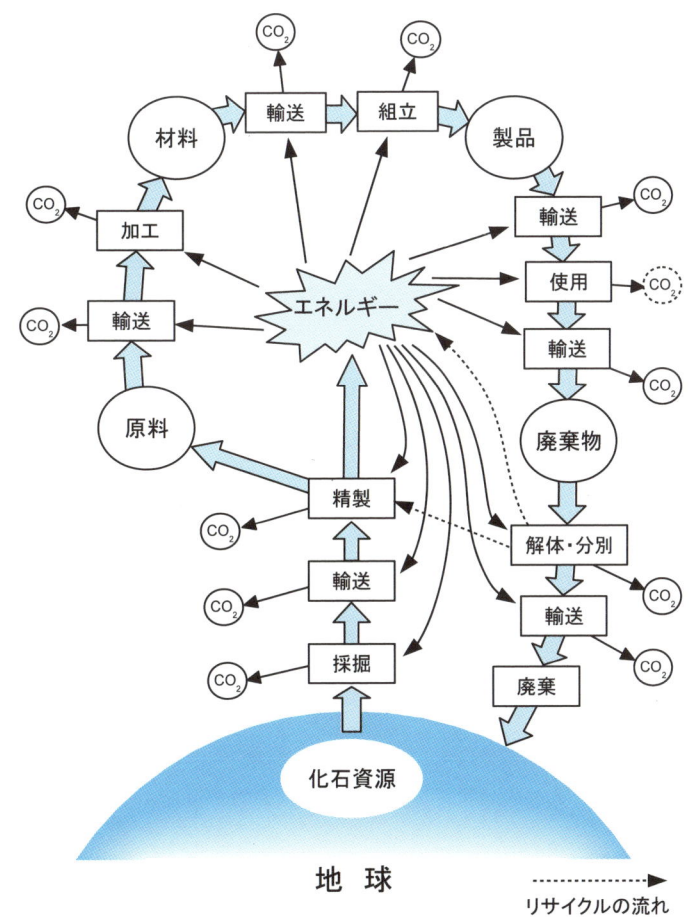

図1-3 材料のライフサイクルと環境負荷

ある製品を使用する際にCO_2の排出がゼロであったとしても，その前後の製造過程，廃棄過程においては，いずれもエネルギーを要するので資源を消費し，それに伴ってCO_2に代表される排出物を生じ環境に負荷がかかる。

グリーンケミストリー

　環境と経済が調和した持続可能社会を支える化学技術のことを意味する新しい造語である。1996年，米国クリントン大統領の下で大統領科学技術政策顧問をしていたPaul Anastas博士らが，次のようなGreen Chemistry 12原則を提言したことからこの概念が定着した。
 1. 廃棄物は，出してから処理するのではなく，一切出さないこと。
 2. 原料をなるべく無駄にしない合成プロセスを考える。
 3. 反応物・生成物ともに人体と環境に害の少ないものとする。
 4. 機能が同じなら，毒性がなるべく低いものを用いる。
 5. 補助物質はなるべく減らし，必要な場合でも無害なものを使う。
 6. 環境と経費の負荷負担を考え，省エネを心がける。
 7. 原料は，枯渇性資源に頼らず，再生可能な資源から得る。
 8. プロセス途中の修飾反応はできるだけ避ける。
 9. できるだけ触媒反応を用いる。
10. 使用後には環境中で分解するような製品を目指す。
11. プロセス計測を導入する。
12. 化学事故につながりにくい物質を使用する。

　ヨーロッパ諸国では，同様な概念をSustainable Chemistryと呼称している。

　わが国では，2000年3月，Green-Sustainable Chemistry Network（GSCN）という組織が設立され，化学製品の製造から廃棄に至るまで，安全性の向上，省資源，省エネルギー，環境保全のための化学技術の開発を目指して活動している。

2

材料物質の特性

備前焼（小西陶古作）

バイオプラスチックボールペン
（山武杉木粉70％＋PP30％）

チタン合金を用いたソーラー腕時計

2.1 物質構造の階層性と化学結合の多様性

　人が工業製品に何を期待するかは，その材料にどのような特性を要求するかということである。歴史的にみるならば，材料の力学的特性は，人類が狩猟・農耕を始めたときから，熱的性質は火の使用を始めたときから認知していたはずである。顔料などの色材を作り出したのは光学的特性を利用していたといえる。近年著しく発展進歩している電気的・磁気的特性も，静電気や磁石といった形で古代文明のうちにも数えられている。

　現代においては，多種多様な材料特性が要求されて，新規な材料が急ピッチで開発され続けているが，その推進力となっているのが，近世以降大きく発展してきた物質の科学 (material science) つまり化学 (chemistry) という学問領域である。現代の材料は，物質的には，セラミックス材料，高分子材料，金属材料，それらの複合材料に大きく分けられる。しかし，これらの材料の特性は，物質を構成するための化学結合のレベルまで考察しなければ解明できない。化学結合は，金属結合，イオン結合，共有結合，さらに分子間力に分類されるが，それらによってもたらされる集合体の構造，つまり金属結晶，イオン結晶，共有結合性結晶，分子結晶，それらの非晶質（アモルファス）あるいは高分子物質の化学的性質が材料の特性に反映される。これらの集合体の構造物性を理解するためには，その下の階層である要素粒子（原子，イオン，分子）についての化学の世界を眺める必要がある。要素粒子の種類（元素種）の数はそれほど多くないにもかかわらず，それらの集合体である物質が千差万別の物性を示すことができるのは，その結合の多様性による。材料物性理解のために化学結合を改めて学ばなければならない理由はここにある。

　材料工学というのは，目に見え手で触れることのできる物体を扱うマクロな世界の学問である。しかし，その特性あるいは機能性を議論し新しい素材を作り出そうとすると，目に見えず実感できない要素粒子というミクロな世界の学問である化学（物質科学）の理解が必要となるということである。

　以上述べたような関係を踏まえた上で，材料に要求される特性を
① 力学的特性
② 熱的特性
③ 光学的特性
④ 電気的特性
⑤ 磁気的特性

に大きく分け順次概要を述べる。これらのうち③～⑤の特性は，とくに材料中の電子状態に大きく左右され，近年発展著しい電子材料に関わるものである。

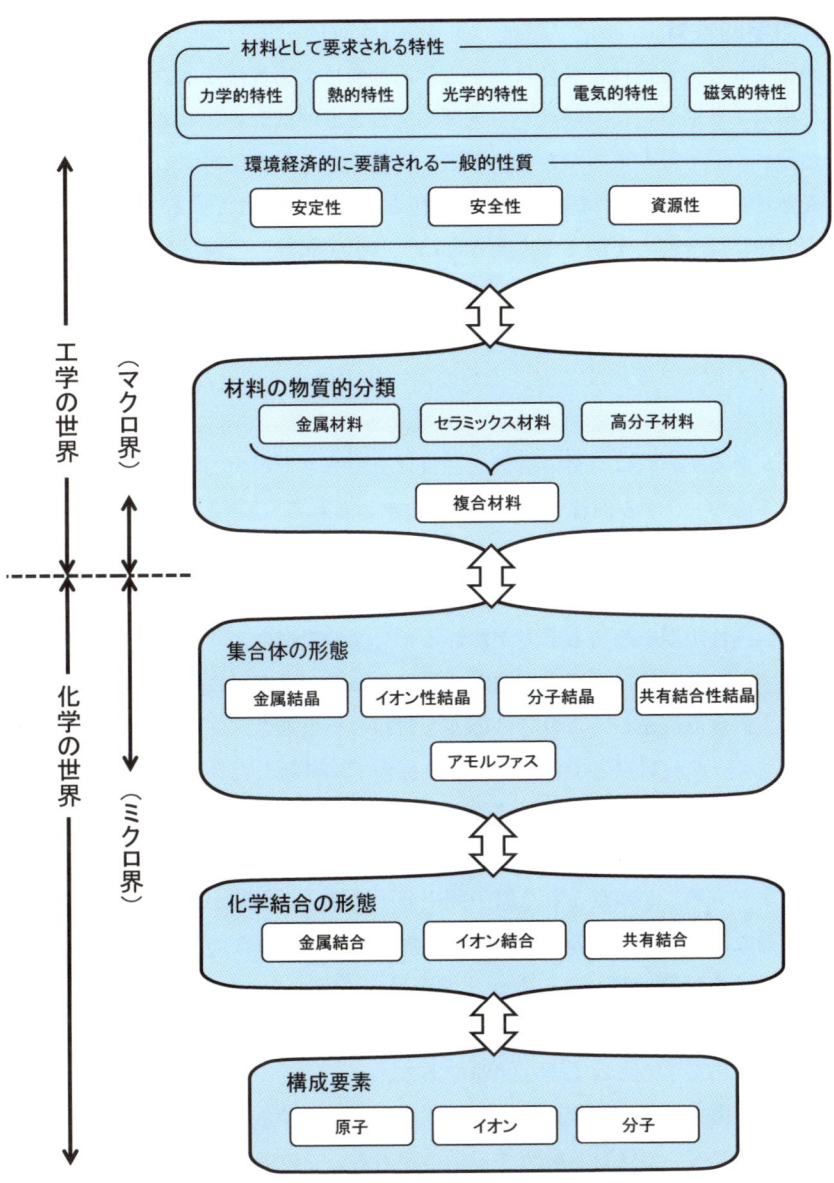

図 2-1 材料の特性と物質の階層構造

2.2　力学的性質

　物質が様々な外力を受けた場合に示す力学的性質は，物質の基本的な性質であり，機械や部品を構成する構造材料の観点から機械的性質とも呼ばれる。そのため力学的性質は材料の構造設計に際し最も重要であり，引張，圧縮などの応力に対する変形挙動及び変形抵抗などを示す機械的性質は材料設計の基準値として用いられている（図2-2）。機械的性質の測定方法には，応力を加える方向などにより引張試験，圧縮試験，硬さ試験，曲げ試験，衝撃試験，疲労試験およびクリープ試験などがあり，試験方法や試験片の形状などはJISにより規格化されている。

　材料に応力を加える変形するが，その変形の仕方により弾性（elasticity: 応力がなくなる変形が元に戻る性質）と塑性（plasticity: 応力がなくなっても変形が元に戻らない性質）という区別がある。一般に材料の機械的性質は引張強さで示すことが多く，引張強さは引張試験による応力 - ひずみ曲線（図2-3）から求められる。

　最初に材料に小さい引張応力をかけるとわずかにひずんで伸びるが，応力を取り去ると元の長さに戻る。このような変形を弾性変形と言い，もとに戻る応力の限界を弾性限度と呼んでいる。弾性限度を超える応力が加わると，塑性変形により元の形状に戻らなくなる降伏点に達する。その後は，応力が増大するに従って塑性変形による伸びが増加していく。やがて，最大荷重点に達し，この時の応力を材料の引張強さ，または単に強さと呼んでいる。脆いセラミック材料などでは塑性変形を伴わずに破断したり最大荷重点で破断するが，延性を持つ金属材料などはさらに局部的なくびれを生じながら伸びた後で破断する。なお，材料の破断は，材料中に存在する格子欠陥（lattice defect）などの欠陥部分に応力が集中することにより，そこが起点となり原子間や分子間結合の破断が進行するとされている。

　また，常温では降伏点以下の応力を長時間加えても変化はないが，高い温度で一定の応力を加えておくと時間が経つにしたがって変形が進行するクリープ（creep）現象が発生する。クリープ現象は，温度が高いほど，応力が高いほど著しくなるもので，やがては破断にいたるために工学的には重要な問題である。

　一方，小さい応力（弾性限度以下）を繰り返し与え続けると疲労（fatigue）が進行し，大きな変形を生じないで材料が破断する場合がある。このような破壊を疲労破壊といい，疲れに対する強さを求めるのが疲労試験であり，材料の用途によっては重要な試験項目になる。

　材料の複合化し，より優れた力学的性質を持つ複合材料（composite material）とする場合もある。古くから知られている鉄筋コンクリートもその1つで，圧縮に強いが引張には弱いコンクリートの弱点を逆の性質を持つ鉄筋で補強し，引張と圧縮に強い材料にしたものである。その他の複合材料としては，FRPや積層フィルムなどがある。

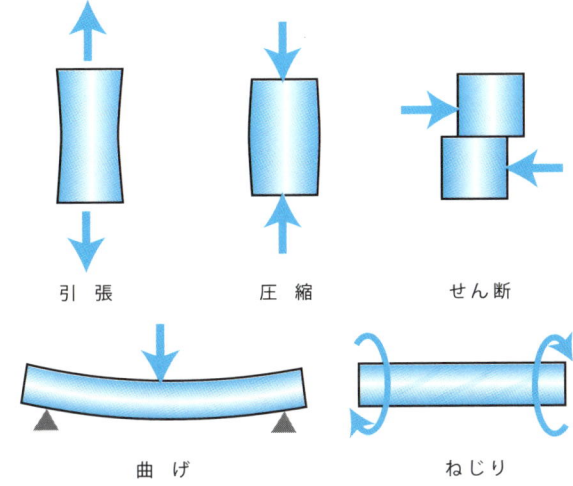

図2-2 材料にかかる外力の種類

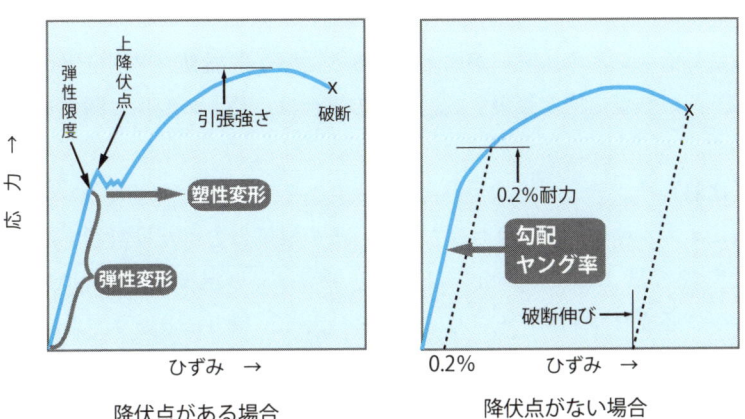

降伏点がある場合　　　　降伏点がない場合

図2-3 引張試験における応力-ひずみ曲線

表2-1 セラミックスおよびプラスチック・金属の機械的性質の比較

機械的性質	セラミックス	プラスチック	金属
硬さ	硬い 傷つきにくい	軟らかい 傷つきやすい	やや硬い やや傷つきやすい
引張強さ 伸び	中くらい 極めて小さい	弱い 大きい	強い やや大きい
圧縮強さ ひずみ	強い 極めて小さい	弱い 大きい	中くらい 中くらい
衝撃強さ	弱い	中くらい	強い
弾性率	極めて大きい	小さい	大きい
クリープ特性	高い	低い	中くらい
疲労特性	低い	中くらい	高い

2.3 熱的性質

熱とは（物理学的熱の定義）

温度差がある物体を接触させたときに移動するエネルギーを熱という。熱の概念は，エネルギーの移動過程についてのみ定義され，物体の状態を表すものではない。物理学的には，熱は仕事と同等である。熱の仕事当量（$J=4.12$ J/cal）という関係はこのことを踏まえている。微視的に見れば，物体の持つエネルギーは

[運動エネルギー ＋ 内部エネルギー]

に分けて考えられ，この内部エネルギー（内部振動あるいは熱運動ということもある）の変化を起こす過程が熱であるといえる。温度というのは，その物質系のエネルギー状態の平均的な値を示すための尺度である。術語的にも，熱と温度の概念を混同して使われている場合もあるので注意を要する。気体・液体では，回転・並進の運動エネルギーが問題となるが，固体の場合は内部エネルギー（原子間結合の振動あるいは格子振動）のみを考えればよい。

熱膨張

固体物質に外部からエネルギーが加えられると，原子間振動の平衡位置がずれ，格子定数が変化し，その結果体積が膨張する。固体の場合は，長さの変化に関する線膨張率で表すこともある。

熱容量（比熱）

ある材料にエネルギーを出入りさせたとき，その温度にどれだけ影響するかを示す比例定数のことを熱容量（heat capacity）といい，物体1gの温度を1K（1℃と同じ）だけ上昇させるのに必要なエネルギー（J）を比熱（specific heat）という。単位はJ/g・K。

熱伝導性

熱伝導率（thermal conductivity）は，厚さ1mの材料の両面に1Kの温度勾配を与えたとき，断面積1 m^2 当り1秒間に通過する熱量と定義される。単位はW/m Kとなる。

熱起電力

2種の金属線を溶接し，溶接部を高温に保持すると電位差を生ずる（ゼーベック効果）。この現象を利用して温度を測定するのが熱電対（thermocouple）である（図2-4）。

耐熱性

高温でも十分な機械的強度を保ち，耐酸化性，耐腐食性，耐薬品性などがあることが材料としては重要である。

可燃性・不燃性

この性質は，化学的には空気中の酸素との反応性を意味しているので，熱的特性とは別の性質となるが，実際的には材料として重要な特性である。熱エネルギーが集中して高温になると酸素と反応しやすくなり，定常的に空気中の酸素と反応して二酸化炭素と水を生成するようになる。これが燃焼である。

表 2-2 材料物質の熱的特性

材料物質	線膨張率 (10^{-6}/K)	比熱 (J/g・K)	熱伝導率 (W/m・K)	融点 (K)
セラミックス				
ZnO	2.92	0.494	72	2,243
CaO	14〜15	0.83	335	2,845
MgO	13	0.97	250	3,099
Al_2O_3	7.7〜8.3	0.776	84	2,323
AlN	4.4	0.71	100〜270	2,473〜2,723
Fe_2O_3	—	0.65	—	1,735
ZrO_2	7.6	0.453	7.2	2,953
SiO_2	0.5	0.74	5.9	1,986
ダイヤモンド	0.8	0.124	900〜2,000	3,823
金 属				
鉛	29	0.13	34.8	600
マグネシウム	14.1	1.022	167	923
アルミニウム	23.5	0.9	238	933
金	26	0.126	293	1,336
銅	17	0.385	394	1,356
鉄	12.1	0.444	73.3	1,809
チタン	8.9	0.519	16	1,983
タングステン	4.5	0.134	167	3,653
プラスチック				
ポリエチレン	120	2.30	0.22	410
ポリプロピレン	110	1.92	0.12	449
ポリスチレン	70	1.42	0.13	—
ポリ塩化ビニル	55	1.00	0.15	546
ポリ酢酸ビニル	86	1.60	0.16	—
ナイロン66	80	1.67	0.24	538
ポリカーボネート	60	1.10	0.19	—

工業材料3種の熱的特性の大まかな比較：金属材料の一般的特徴は，比熱が小さく，熱伝導率が高いことである。セラミックスはいずれも融点が高く熱膨張率が低い。とくにダイヤモンドは融点が高く，熱伝導率もずば抜けて高いのが特徴である。プラスチックは，他の2者に比べて熱膨張率が高く，熱伝導率と融点が低い傾向にある。

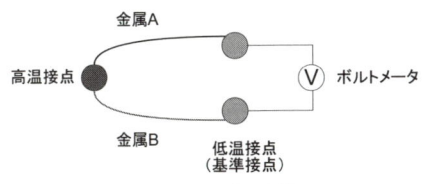

図 2-4 熱電対

2.4 光学的性質

光の吸収と物質の色

物質は，原子軌道あるいは分子軌道のエネルギー差に相当するエネルギーをもつ電磁波が可視域（波長380-780 nm）であった場合，それを吸収し，その光の補色に相当する色を呈するようになる（図2-5）。

色というのは可視光線の組成の違いによる視覚の違いである。いくつかの波長の発光体を組み合わせて，見る者にさまざまな色刺激を与える場合を加法混色といい，青（450～485 nm），緑（504～565 nm），赤（645～740 nm）の光の三原色が用いられる。一方，インクのように，反射光によって色刺激を与える場合は，減法混色といい，シアン，マゼンタ，イエローの色の三原色を混ぜて使う。

ある物質の溶液濃度と光の吸収係数（吸光度，absorbance）との間にはベールの法則が成立つ。これを利用して溶液中の物質の濃度を測定することができる（図2-6）。

発 光

全波長領域の光を吸収する物体を黒体（black body）というが，外部から加熱された物体から放射されてくる光を黒体放射（black-body radiation）といい，広い波長領域の連続した光が発光する。波長領域は加熱温度による。遠赤外線加熱が一例である。

ある特定の光のエネルギーを吸収して励起状態になった原子や分子（色素）が，そのエネルギーを放出して基底状態に戻るとき光を放射する（図2-7）。この発光は時間とともに自然と減衰していく（自然放出）が，励起した原子に刺激を与えて一気に強度の高い均一波長の光をパルスとして発光させる（誘導放出）のがレーザー（LASER : light amplification by stimulated emission of radiation）の技術である。レーザー光は，優れた指向性，単色性（単一波長），高強度を示すことが特徴である。このような特徴を生かして，レーザーポインターをはじめ，光記録媒体としてよく知られているCDやDVD，さらには医療分野でも多く用いられるようになった。

光電効果

物質に光を照射したとき，物質から伝導電子（光電子）を生ずる現象を光電効果（photoelectric effect）と呼ぶ。1887年ヘルツによって発見されたが，1905年アインシュタインによる光量子説によって理論的に解明された。

半導体に光が照射された時に起電力を発生する場合があり，これを光起電力（photoelectromotive force）という。太陽電池がよく知られている実例である。この場合は，光エネルギーを電気エネルギーへの変換を意味する。（逆に，電気エネルギーを光エネルギーへ転換するデバイスが発光ダイオード（LED : light Emitting diode）である。

また，同じく光照射によって電子が伝導帯に励起されるために電気伝導性が高まる特性を光伝導性という。この特性を生かして光センサーが作られているし，日常的に用いられているホトコピー機にも応用されている。

半導体あるいは絶縁体のこれらの特性は内部光電効果ともいわれる。

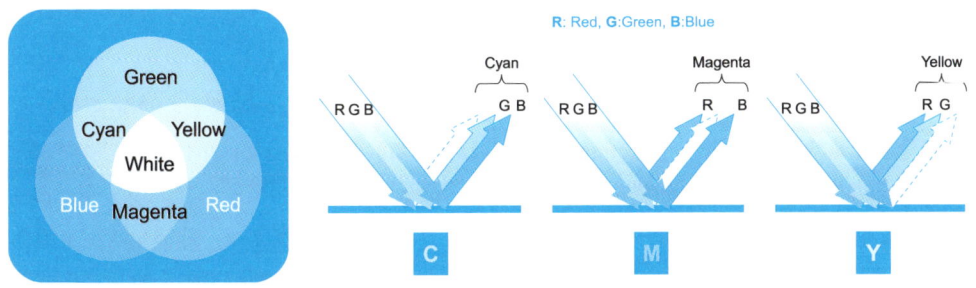

図2-5 補色関係

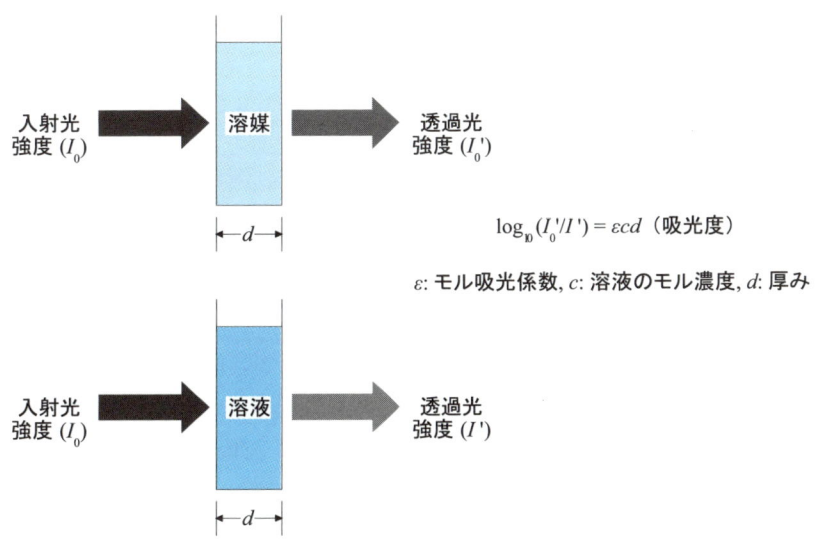

図2-6 ベールの法則による濃度の測定

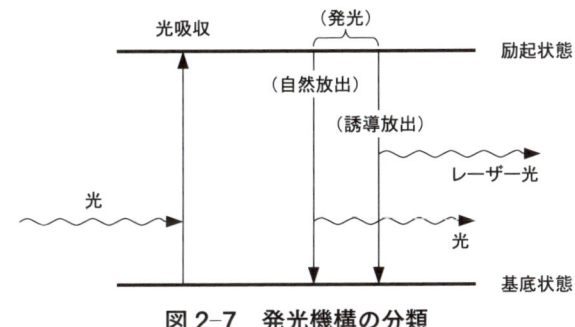

図2-7 発光機構の分類

2.5　電気的性質

電気伝導

固体材料の電気伝導性は，オーム（Ohm）の法則の電気抵抗の逆数として定義付けられる電気伝導度（electric conduction）であらわされる。したがって，単位はΩ^{-1}である。

電気伝導度による導体の分類を表2–3に示す。これらのうち，半導体（semiconductor）は現代の科学技術を支えるもっとも重要な材料となっている。例えば，純粋な真性半導体にそれぞれ電子供与性，電子受容性の不純物を添加したn型，p型半導体を組み合わせたpn接合ダイオードやpnp（またはnpn）接合トランジスターは電気回路の中核的な部品である。

また，超伝導性（superconductivity）を示す物質は限られており，極低温でないとこの特性が現れないことが問題である。1980年代に金属酸化物で臨界温度77Kの超伝導体が見出され，多くの分野で実用されるようになった。

電気容量

絶縁された導体に電荷を与えたとき，それを蓄える能力を表す量のことを電気容量（electric capacity）という。単位は，F（ファラッド）。電気を蓄えるシステムとして電気容量の高い材料系（キャパシター，わが国ではコンデンサともいう）の開発が進められている。電気自動車のための軽量バッテリーあるいは自然エネルギー発電の貯蔵など，資源環境問題と関連して，繰り返し使用に耐え電気容量の高いキャパシターに対するニーズがますます高まっている。

近年注目を集めているのが，電気二重層キャパシターで，図2–8に示したような電極と電解液の界面に生ずる電気二重層（固体表面の吸着層と液中への拡散層）に蓄電するものである。酸化還元反応による従来の二次電池と違って，直接的に電荷のやり取りをするので充放電が速やかに大量にできることが特徴である。電極の表面積が大きいほど蓄電容量が大きくなるので，活性炭電極が用いられる。

絶縁体に静電場をかけたとき，その電場を打ち消す方向に電荷の変位が起こり分極することを誘電性という（図2–9）。誘電分極（dielectric polarization）することによって電気容量が高められることになる。代表的な強誘電体として知られているのはチタン酸バリウムである。

圧電効果

イオン結晶が外力に応じて誘電分極する現象を圧電効果（piezoelectric effect，ピエゾ効果）という。力学的エネルギーが電気エネルギーに変化する事象である。圧電効果を示す圧電体は，ガスコンロやライターの点火装置，スピーカーなどに圧電素子として幅広く用いられている。代表的な圧電体は，水晶，トルマリン（電気石）などの鉱物，ペロブスカイト型セラミックス，ロッシェル塩（酒石酸カリウムナトリウム）である。外力による結晶格子がひずむことで電気が発生すると考えられている。

表 2-3 電気伝導度による導体の分類

(Ω^{-1})	分類	物質例	用途
20	超伝導体	$HgBa_2Ca_2Cu_2O_{6+\delta}$ $YBa_2Cu_3O_{7-\delta}$ $La_{2-x}Sr_xCuO_4$ K_3C_{60} Nb_3Ge	リニアモーターカーや MRI などの電磁石
16			
12			
8			
4	良導体	金・銀・銅 水銀 ニクロム線 グラファイト	導線
0			
-4	半導体	ゲルマニウム ケイ素 ポリアセチレン ヒ化ガリウム	トランジスタ 集積回路
-8			
-12	絶縁体	ガラス	高圧送電線の碍子 一般の絶縁部品
-16		ポリスチレン	コンデンサー 圧電素子
-20			

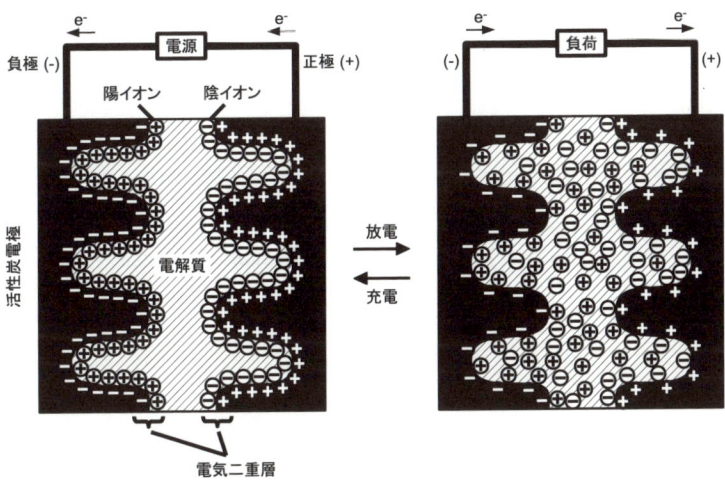

図 2-8 電気二重層キャパシター（活性炭の細孔を大きく略式表現している）

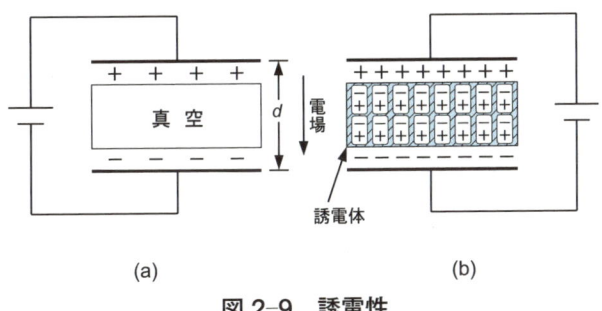

(a)　　　　　　(b)

図 2-9 誘電性

2.6 磁気的性質

磁　性

固体の磁性（magnetism，磁気ともいう）は，外部から磁場 H が加えられたとき，固体内にどのような磁束密度 B が生じるかを表す式　$B=\mu H$ によって記述される．ここに μ は磁化率といい，磁性を反映した値になる．

$\mu>0$ の場合　外部磁場の作用を打ち消すように磁束が生じ，引き付けられる．このような性質を常磁性（paramagnetism）という．常磁性のうち，外部磁場の影響がなくなっても磁束密度が残留するものを強磁性（ferromagnetism）という．強磁性体は固体内部の磁区（ドメイン，domain）の磁気モーメントの方向がそろっていて，外部に磁場を生じて永久磁石となりうる．すべての磁区の磁気モーメントが同じ向きである場合をフェロ磁性というのに対して，異なる大きさの磁気モーメントが逆にそろう場合をフェリ磁性（ferrimagnetism）と呼ぶ．磁気記録の材料として広く用いられているフェライト（ferrite）がキューリー点以下の温度で示す磁性である．

$\mu<0$ の場合　外部磁場の作用と同じ方向に磁束が生じ，反発する．このような性質を反磁性（diamagnetism）という．超伝導体の特徴は，外部磁場を加えても内部の磁束密度を生じない完全反磁性で強く反発する（マイスナー効果）．この特性が，リニアモーターカーや MRI などに応用されている．

磁性の根源

物質が磁性を示す根源は，電子が持つスピンという特性による（図2-11）．電子スピンには $+1/2$ と $-1/2$ の量子数で記述される2種があり，両者が対をなすと安定化するので，通常，対スピンとなって磁性を示さない．しかし，不対電子が存在しうるような原子（例えば Fe）では，それを含む微結晶子は磁性つまり磁気モーメントを示す．ただし，磁気モーメントには，前述のように方向性があるので，それらのベクトルが完全に打ち消しあうようだと全体として磁性を示さない．

磁気共鳴スペクトル

磁気モーメント独特の性質として，磁場に置かれたとき，その磁力線の方向と同じ向きにそろう場合と逆向きにそろう場合が一定の割合で起こる．この性質を利用して，物質中の不対電子の数を測定する方法が電子スピン共鳴吸収（ESR：electron spin resonance）である．また，^1H や ^{13}C の原子核は，電子に比べてはるかに弱いながら，核スピンを持ち，磁気モーメントを示す．磁場中で順逆両方向に分裂したスピン状態のエネルギー差が，その原子核の周囲の化学結合状況を反映していることを利用して外部から照射する電磁波の吸収を測定することによって化学構造決定する方法が核磁気共鳴（NMR：nuclear magnetic resonance）である（図2-12）．

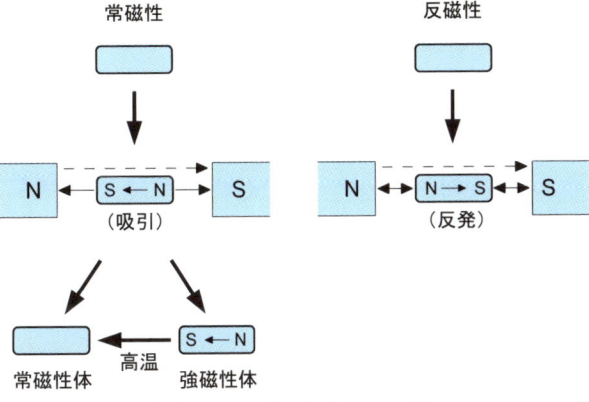

図 2-10 常磁性と反磁性

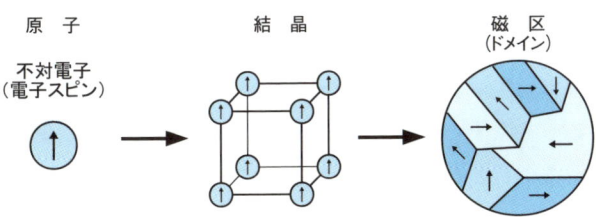

図 2-11 構造階層と磁性

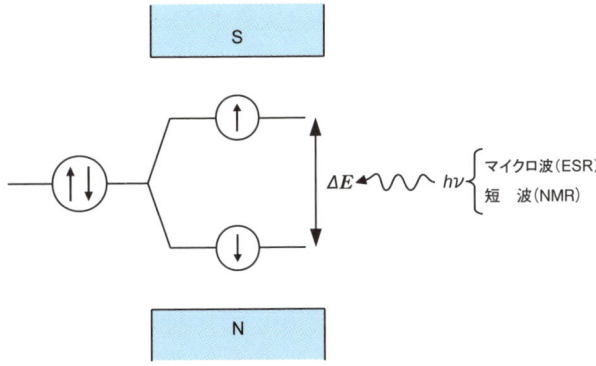

図 2-12 ESR・NMR の測定原理

2.7 物質材料特性の総括

物質材料特性間の相関

前節までに概説した物質材料特性のうち，多くがそれぞれエネルギーと関連している。そして，これらのエネルギーの間の転換が材料の持つ機能を活用して行われる。最も基本的なエネルギー転換は，力学的エネルギーを電磁誘導効果によって電気的エネルギーに変換する発電機（ダイナモ）であり，その逆方向の作用をするのがモーターである。いずれも磁性という材料特性を利用した装置といえる。そのほかの高機能性材料（ニューマテリアル）によるエネルギー変換を図2-13にまとめて示す。

工業材料三種の一般的特質

先に述べたように（図2-1），工業材料としては，物質的分類によって，金属材料，セラミックス材料，高分子材料の三種に大別される。金属材料は，目的元素を多く含む鉱物資源を炭素などで還元（脱酸素）し，精錬して得られる金属単体である。セラミックス材料は，金属酸化物を主とする鉱物資源を高温で焼成して作られる無機材料である。高分子材料は，主に石油などの化石資源を原料として合成される有機材料である。

金属材料の構成要素元素は基本的には単一で，金属原子が集合して金属結合による結晶構造を形成している。各原子の価電子は原子核からの束縛を離れて金属結晶全体を動き回れる自由電子（伝導電子）となることが特徴で，このことが金属材料の持つ特性に深く関わっている。

セラミックス材料は，構成要素が多種多様で，結合形態も多岐に渡り複雑である。それだけに，機能性材料としての応用が進んでいる（このため本書では第3章として化学結合論を中心とした固体化学の基礎を学ぶ）。

高分子材料は，分子性固体であって，結晶性を示す部分とアモルファス部分から成り立っている。低分子量の有機分子が，常態で気体あるいは液体物質として存在しうるのに対して，高分子が固体として存在するのは，分子のサイズが大きくなることによって，分子間力が格段に大きくなるためである。分子間力は，共有結合などの化学結合に比べて「弱い結合」と認識されているのが普通であるが，高分子を加熱しても低分子のように蒸発せず，むしろ熱分解が起こるのが普通である。これは，高分子では分子間力が共有結合よりも強く働いていることに他ならない。高分子材料の力学的特性の部分には分子間力の影響が大きいが，その他の機能性には物質としての化学的特性が現れる。

「物質」と「材料」

本章では，物質材料特性といって，物質と材料という語をあいまいに用いてきた。物質のもつ化学的性質が，材料の特性に大きく反映するからである。しかし，われわれが材料として一般的に認識しているものは，空間を仕切り，手に取れる固体状のものがほとんどである。そこで，固体状物質特有の性質をあつかう化学領域として「固体化学」という分野が体系化されている。

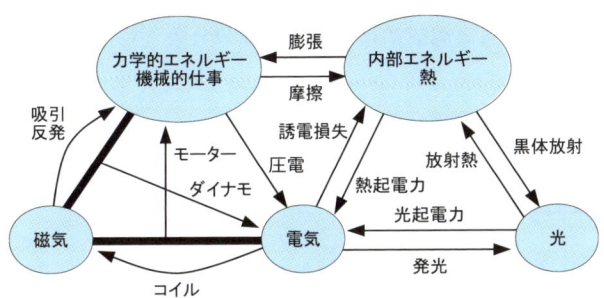

図 2-13　物質材料特性間の相関

表 2-4　工業材料三種の一般的特質の比較

	セラミックス材料	高分子材料	金属材料
主な構成元素	M—O—M	C—H	M—M
結合形態	イオン結合，共有結合（極性結合）	共有結合 ＋分子間力	金属結合
物質形態	イオン性結晶，共有結合性結晶＋アモルファス	分子結晶 ＋アモルファス	金属結晶

M：金属原子

表 2-5　物質の三態の特質

	融点	流動性	結晶性	分子間力
気体	低	大	なし	小
液体	中	中	なし	中
液晶	高	小	小	中
アモルファス	なし	なし	なし	—
固体	高	なし	大	大

物質の三態のうちで固体と液体のあいだに位置する材料として液晶とガラスが知られている。液晶は，液体の特徴である流動性と結晶の特徴である光学的異方性を示す配向分子である。ガラスは，結晶性を示さず化学構造的には液体に近いアモルファス状態の固体である。

波長と周波数による電磁波の分類（名称）

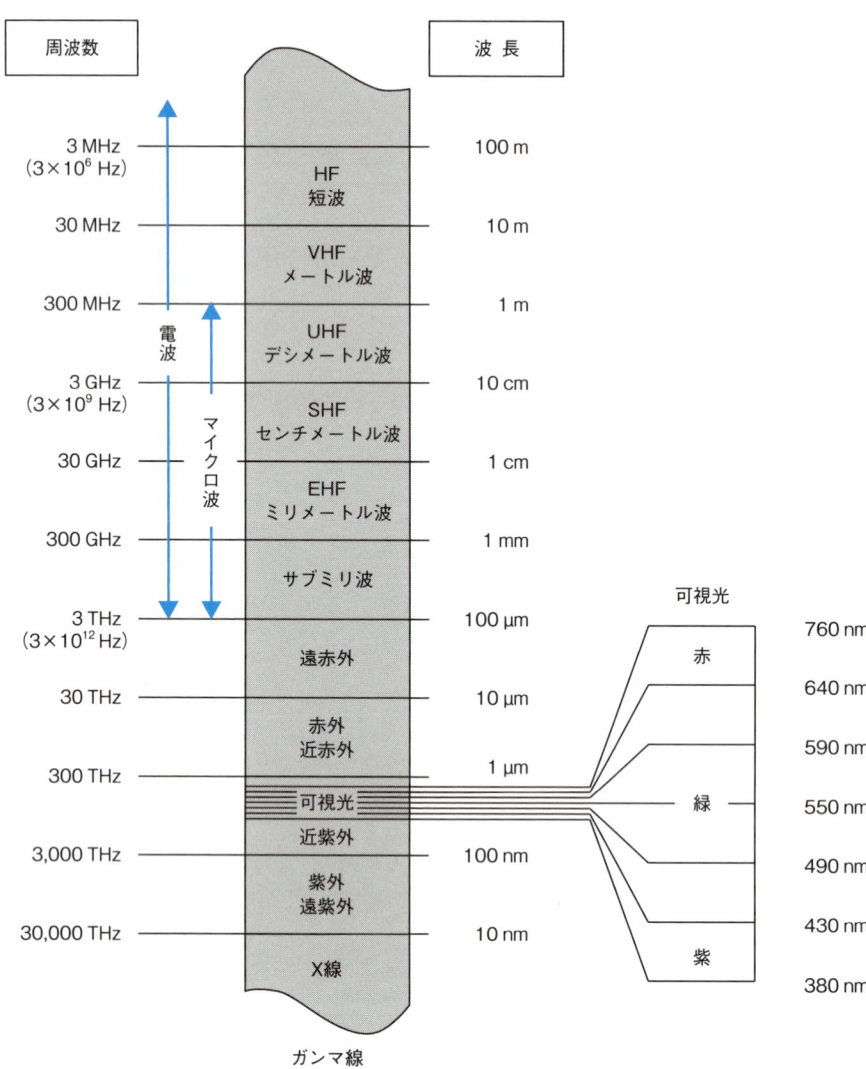

n：nano(10^{-9}), μ：micro(10^{-6}), m：milli(10^{-3}), c：centi(10^{-2})
K：kilo(10^3), M：mega(10^6), G：giga(10^9), T：tera(10^{12})

3

固体化学の基礎

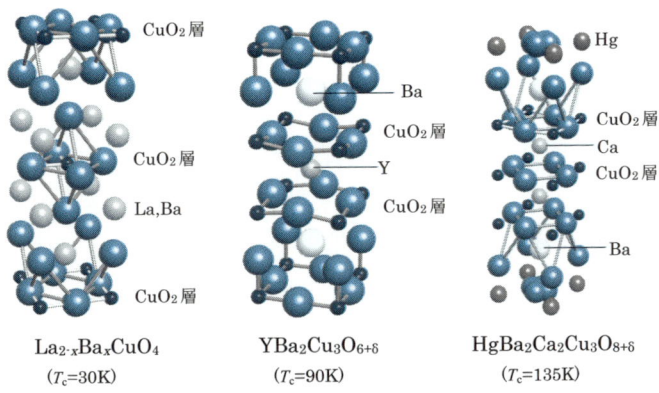

La$_{2-x}$Ba$_x$CuO$_4$ (T_c=30K) YBa$_2$Cu$_3$O$_{6+\delta}$ (T_c=90K) HgBa$_2$Ca$_2$Cu$_3$O$_{8+\delta}$ (T_c=135K)

銅酸化物超伝導体の構造

銅酸化物超伝導体は，CuO$_2$層とキャリア（ホールまたは余剰電子）を供給するブロック層が交互に積み重なった層状構造になっている。ブロック層から供給されるキャリア濃度の増加とともに，CuO$_2$層は反強磁性絶縁体，超伝導体，常伝導体と変化し，キャリア濃度が15％程度で超伝導転移温度 T_c が最大となる。超伝導を示すには電子対を形成する必要があるが，この電子対の対称性は異方的であることに特徴があり，対形成の機構は未解明である。

3.1 共有結合の古典的な考え方

図3–1に示すように，結合する原子どうしが電子を1個ずつ出し合って共有電子対をつくり，この共有電子対を2個の原子が共有することによってできる結合が共有結合（covalent bond）である。水素分子 H_2 の場合は，左右の水素原子がそれぞれ1個ずつ電子を出し合って中央に共有電子対：を1組つくり，この共有電子対（shared electron pair）を2個の水素原子が共有することによって1本の共有結合が生み出されることになる。2個の水素原子はどちらも相手から電子を1個借りてきて，見かけ上，最外殻に電子が2個の閉殻構造，つまり $(1s)^2$ の電子配置をとることができて安定化する。このように共有電子対を共有することによって，分子全体が安定化するのが共有結合である。共有電子対1組が共有結合1本に対応していて，分子の構造式では価標（−）で書き表される。水素分子の構造式は H−H となる（表3–1）。

水分子 H_2O の場合も同様で，O−H の結合では，H原子とO原子がそれぞれ1個ずつ電子を出し合って，共有電子対をつくり共有している。2個のH原子はどちらも見かけ上，最外殻が $(1s)^2$ の閉殻電子配置をとることができて安定化する。また，O原子は最外殻に8個の電子をもつ，$(2s)^2(2p)^6$ の閉殻電子配置をとることができてやはり安定化する。電子の貸し借りによって，見かけ上，H は He と同じ電子配置，O は Ne と同じ電子配置になるので，水分子全体が安定化することになる。なおO原子の最外殻のうち，共有電子対に関与しない残りの2組の電子対は，原子間で共有されずに孤立したままである。このように結合に関与しない電子対を非共有電子対（unshared electron pair）または孤立電子対（lone pair）という（図3–1）。

二酸化炭素分子 CO_2 では，酸素原子と炭素原子がそれぞれ2個ずつ電子を出し合って，共有電子対を2組つくり共有している。酸素原子と炭素原子はすべて見かけ上，最外殻に8個の電子をもつ，$(2s)^2(2p)^6$ の閉殻電子配置をとり安定化する。OとCの間では，2組の共有電子対が共有されているので，共有結合が2本つまり二重結合になり，構造式は O=C=O となる。同様に窒素分子 N_2 では，3組の共有電子対が共有され三重結合 N≡N になっている（表3–1）。

一つの原子が他の原子との間で共有電子対をつくるために供出できる電子の数を原子価という。1組の共有電子対が1本の共有結合に対応しているので，原子価は原子から出ている結合の手の数と考えることができ，構造式中では価標の数に等しくなる。原子価は元素によってほぼ決まっていて，表3–2のようになっている。分子の中ではこれらの原子価が過不足なく共有結合に使われていて，原子から出ている結合の手が余ったり不足することはない。例えば F_2, O_2, C_2H_2 の構造式は次のように表される。

  F−F, O=O, H−C≡C−H

第3周期の P, S, Cl のように，元素によっては複数の原子価をとるものもある。これは 3s, 3p, 3d 軌道のエネルギーが近接しているために，電子配置の組み替えがおきて電子の結合状態が変化するためである。

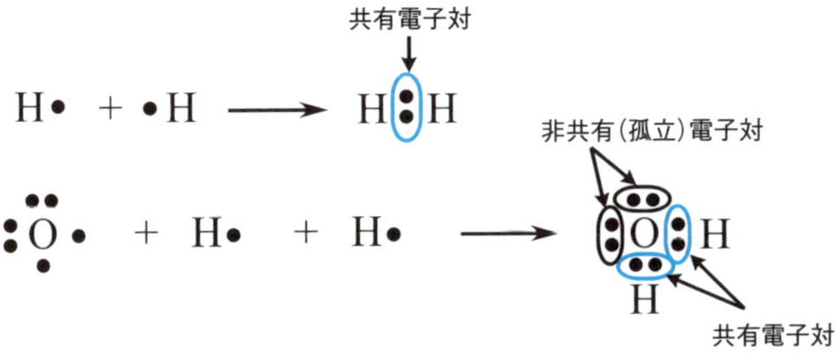

H• + •H ⟶ H:H 共有電子対

:Ö• + H• + H• ⟶ H–Ö–H 非共有(孤立)電子対, 共有電子対

図 3-1 水素分子 H₂,水分子 H₂O における共有電子対と非共有電子対(孤立電子対)

表 3-1 点電子式・構造式・分子式の対比(点電子式の共有電子対 1 組を 1 本の価標(−)で置き換えれば,構造式になる)

点電子式	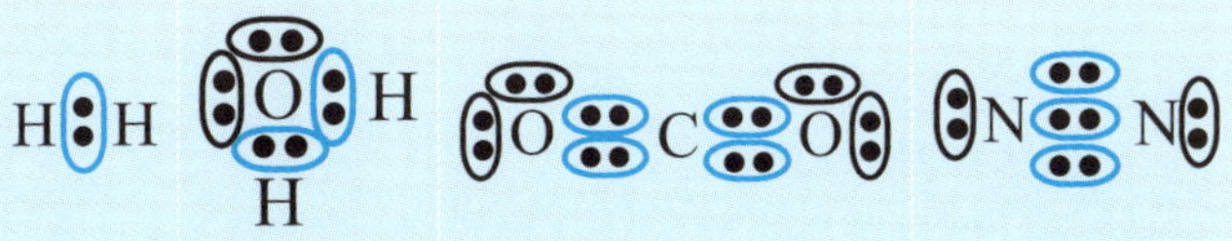 H:H	H:Ö:H (H下)	:Ö::C::Ö:	:N:::N:
構造式	H–H	O–H / H	O=C=O	N≡N
分子式	H_2	H_2O	CO_2	N_2

表 3-2 主な原子価

第1族	第13族	第14族	第15族		第16族		第17族	
H	B	C	N	P	O	S	F	Cl
1	3	4	3	3, 5	2	2, 4, 6	1	1, 3, 5, 7

(例)							
P		3 価	三塩化リン	Cl–P–Cl (Cl上)	ホスフィン	H–P–H (H上)	
		5 価	オキシ塩化リン	Cl–P–Cl (Cl上, O下二重結合)	リン酸	HO–P–OH (OH上, O下二重結合)	
S		2 価	硫化水素	H–S–H	メルカプタン	CH₃–S–H	
		4 価	二酸化イオン	O=S=O	亜硫酸	HO–S–OH (O下二重結合)	
		6 価	硫酸	HO–S–OH (O上下二重結合)			
Cl		1 価	次亜塩素酸 (hypochlorite)	H–O–Cl	5 価	塩素酸 (chlorate)	H–O–Cl=O (O下二重結合)
		3 価	亜塩素酸 (chlorite)	HOCl=O	7 価	過塩素酸 (perchlorate)	HO–Cl=O (O上下二重結合)

3.2 量子力学による共有結合の考え方

ミクロな世界を支配している量子力学（quantum mechanics）を使って，共有結合の電子状態を詳しく調べてみよう。量子力学の基礎方程式であるシュレディンガー方程式を解けば，分子のエネルギー E と，電子の運動状態を記述する波動関数（電子の軌道，orbital）Ψ が求まる。得られた波動関数（wave function）からは，電子の位置などの物理量に対する確率論的な平均値が計算でき，電子がどのようなエネルギー状態にあるのか，つまり化学結合の様子が明らかになる仕組みになっている。分子に対する波動関数は通常，原子の波動関数の線形結合で表すことが可能である。例えば，水素分子に対する波動関数は，水素原子の 1s 軌道を使って近似的に次のように表すことができる。

$$\Psi_1 = \frac{1}{\sqrt{2(1+S)}} (\psi_{1s,a} + \psi_{1s,b}) \tag{3.1}$$

$$\Psi_2 = \frac{1}{\sqrt{2(1-S)}} (\psi_{1s,a} - \psi_{1s,b}) \tag{3.2}$$

ここで

$$S = \int \psi_{1s,a} \psi_{1s,b} \, d\mathbf{r} \tag{3.3}$$

は重なり積分と呼ばれる量で，原子 a, b にある 1s 軌道間の重なりの程度をあらわしている。このように原子軌道の線形結合からつくられた，分子全体に広がる波動関数を**分子軌道**と呼んでいる。図 3-3, 3-4 は量子力学を使って求めた，水素分子 H_2 のエネルギー準位 E と波動関数 Ψ である。Ψ_1 のように結合を作るのに都合の良い形をした波動関数を**結合性軌道**（bonding orbital），Ψ_2 のように電子が反発しあって結合力を弱める作用をもつ波動関数を**反結合性軌道**（anti-bonding orbital）と呼んでいる。図 3-3 に示すように，H 原子の 1s 軌道のエネルギー E_{1s} に比べて，Ψ_1 のエネルギー E_1 は低く，Ψ_2 のエネルギー E_2 は高くなっている。それぞれの波動関数は 2 個まで電子を収容できるので，水素分子では Ψ_1 に電子が 2 個入り，Ψ_2 には電子が入らない。その結果 2 個の水素原子がバラバラでいる状態よりも，原子と原子が結合し分子を形成した方が，分子全体のエネルギーが下がり安定化する。この安定化エネルギーは結合解離エネルギー（bond dissociation energy）と呼ばれ，水素分子の場合は 1mol あたり，$\Delta E = -U(r_0) = 432$ kJ/mol にもなっている。このように水素原子状態に比べて，水素分子になると大きなエネルギー利得が得られ，強い結合が生じていることがわかる。

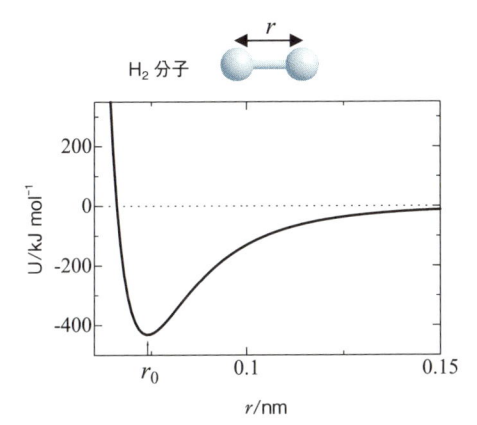

図 3-2　2つのH原子間の結合距離 r と相互作用エネルギー U の関係

2つのH原子が接近して r が小さい場合は $U>0$ となって2つのH原子は反発し，$r\to\infty$ の場合はバラバラの2つのH原子に解離して $U\to 0$ となる。$r=r_0$ で U は最小となり，安定な H_2 分子が形成される。実測値は $r_0=0.074$ nm，$U(r_0)=-\Delta E=-432$ kJ/mol である。

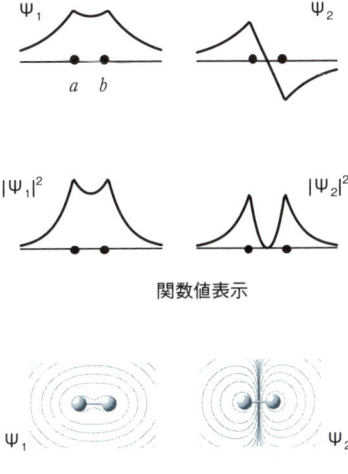

図 3-4　H_2 分子の結合性軌道 Ψ_1 と反結合軌道 Ψ_2 のいろいろな表示

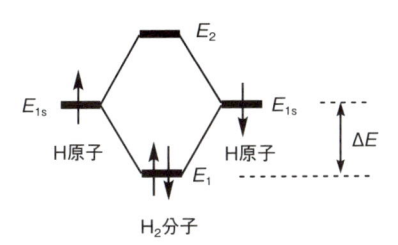

関数値表示

等高線表示

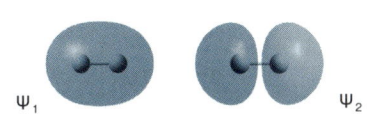

等値曲面表示（3次元立体図）

図 3-3　H_2 分子のエネルギー準位図

3.3 いろいろな共有結合

結合性分子軌道をつくって共有結合ができるためには，次のような条件が必要になる。
1) 2つの原子軌道の間の重なりが十分に大きい。重なりが大きいほど強い結合になる。
2) 2つの原子軌道のエネルギー準位が接近している。
3) 2つの原子軌道は結合軸に関して同じ対称性（結合軸の周りの＋，－の符号が同じ）をもつ。

右図の1s軌道と3s軌道のように，エネルギー準位が離れている場合は，分子を作ることによるエネルギー利得は小さく結合が生じにくい。エネルギー利得の大きな強い結合ができるためには，上の（2）の条件が必要になる。また右図（a）のように，2sと2pが結合軸に沿って近づく場合は軌道間の重なりが十分にとれるので結合をつくることができる。しかし（b）では，2p軌道が結合軸に垂直になっているため，結合軸の上側と下側の重なり積分が異符号になって互いに打ち消し合ってしまい，結合はつくられない。したがって結合をつくるためには，上の（3）の条件が必要になる。

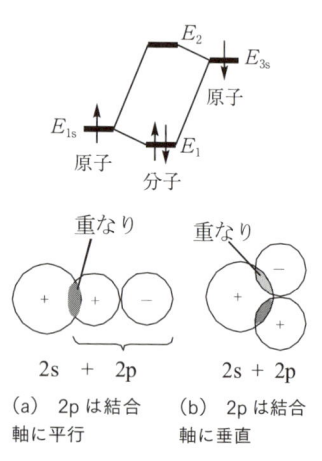

図3-5にはいろいろな原子軌道からできる分子軌道のパターンを示した。図（a）～（c）では，生じた分子軌道が結合軸に沿って円筒形状に広がりをもっている。このように結合軸のまわりの回転に対して対称（回転しても＋，－の符号が変わらない）になっている分子軌道は σ軌道 と呼ばれ，一般に結合性軌道の方を σ，反結合性軌道を σ* と書き表す。σ軌道による結合を σ結合 という。これに対し，図（d）では結合軸に垂直な2個の2p原子軌道が側面どうしで重なり合って，結合軸の上下に広がる分子軌道ができている。このように結合軸のまわりの180°回転に対して反対称（回転によって＋，－の符号が変わる）になっている分子軌道を π軌道 という。結合性軌道を π，反結合性軌道を π* と書き表し，π軌道による結合を π結合 という。一般に π結合は σ結合に比べて重なりが小さく弱い結合になる。図3-6のベンゼンでは，H原子の1s軌道と，次節で述べるC原子のsp^2混成軌道が（a）のように σ結合で分子の骨格をつくり，C原子の$2p_z$軌道が（b）のように π軌道を構成している。π軌道中のπ電子はベンゼン環全体に広がっている（共役，共鳴）。

結合の強さの目安として，結合次数（bond order）P を次式のように定義する。

$$P = [結合性軌道(\sigma, \pi)の電子数 - 反結合性軌道(\sigma^*, \pi^*)の電子数]/2$$

定性的には結合次数 P は共有電子対の数に対応していると考えることができ，$P=1, 2, 3$ がそれぞれ単結合，二重結合，三重結合になっている。表3-3にいろいろな結合の結合次数，結合解離エネルギー，結合距離を示す。一般に，単結合，二重結合，三重結合と結合次数が大きくなるにつれて，結合解離エネルギーは大きくなって強い結合になり，結合距離は短くなる。

3 固体化学の基礎　29

(a) 1s+1s　反結合性軌道(σ*)／結合性軌道(σ)

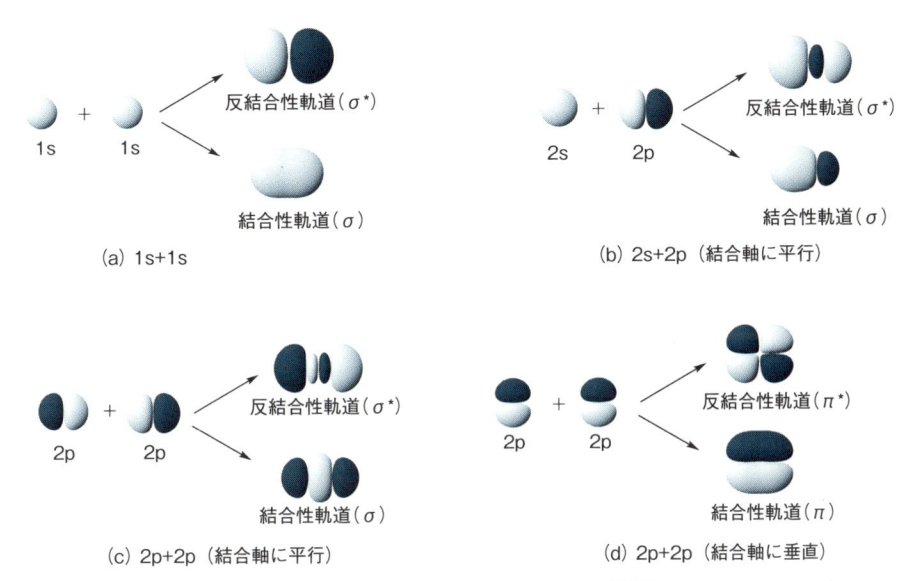

(b) 2s+2p（結合軸に平行）　反結合性軌道(σ*)／結合性軌道(σ)

(c) 2p+2p（結合軸に平行）　反結合性軌道(σ*)／結合性軌道(σ)

(d) 2p+2p（結合軸に垂直）　反結合性軌道(π*)／結合性軌道(π)

図 3-5　いろいろな原子軌道の組み合わせによる分子軌道（白色は＋の値，濃色は－の値をあらわす．結合軸は水平方向にとっている）

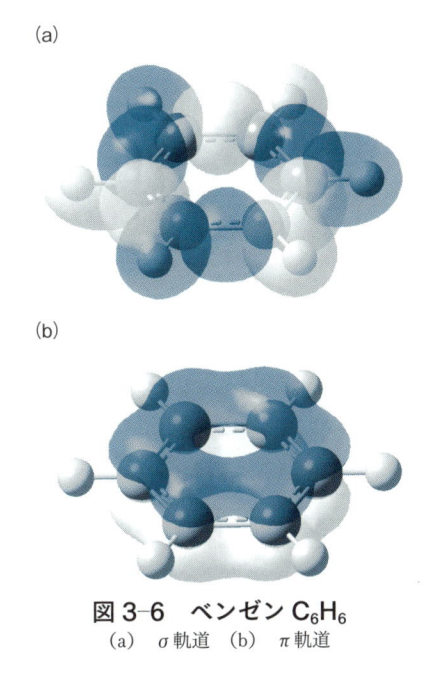

図 3-6　ベンゼン C_6H_6
(a) σ軌道　(b) π軌道

表 3-3　いろいろな共有結合の結合次数，結合解離エネルギー，結合距離

結合	結合次数	結合解離エネルギー /kJ mol^{-1}	結合距離 /nm
H－H	1	432	0.074
N≡N	3	942	0.110
O=O	2	494	0.121
Cl－Cl	1	239	0.199
H－Cl	1	428	0.127
H－C	1	432	0.109
C－C	1	368	0.154
C=C	2	720	0.134
C≡C	3	962	0.120
C－O	1	378	0.142
C=O	2	526	0.121

3.4 混成軌道

メタン CH_4 分子では，結合性分子軌道をつくる際に，まず C 原子内で図 3-7(a) のように 2s, $2p_x$, $2p_y$, $2p_z$ の 4 つの軌道による電子配置の組み替えが起きて，新しい 4 つの原子軌道 $\chi_1 \sim \chi_4$ がつくられ，これが H 原子の 1s 軌道と結合性分子軌道をつくると考えることができる。このように結合をつくるために原子軌道がいくつか混ざり合ってできた新しい原子軌道を混成軌道（hybrid orbital）という。混成軌道は分子全体に広がった分子軌道の本質を，原子軌道に近いイメージでわかりやすく表現したものといえる。メタン CH_4 分子中の C 原子の場合，1 個の s 軌道と 3 個の p 軌道からできた新しい原子軌道なので，$\chi_1 \sim \chi_4$ は sp^3 混成軌道と呼ばれている。CH_4 分子では図 3-7(b) のように，4 つの sp^3 混成軌道は正四面体の中心にある C 原子から各頂点方向に軌道がのび，H 原子の 1s 軌道と重なり合って結合性分子軌道をつくる。これらの結合性分子軌道はすべて結合軸のまわりの回転に対して対称になっていて σ 結合である。

エチレン C_2H_4 では，まず C 原子内で図 3-8(a) のような電子配置の組み替えが起き，2s, $2p_x$, $2p_y$ 軌道が混ざり合って 3 つの新しい sp^2 混成軌道 $\chi_1 \sim \chi_3$ がつくられる。sp^2 混成軌道は，平面上で互いに 120° の角度をなしている。C_2H_4 分子では図 3-8(b) のように，2 つの C 原子の合計 6 個の sp^2 混成軌道が，H 原子の 1s 軌道や隣の C 原子の sp^2 混成軌道と重なり合って 5 個の σ 結合をつくっている。sp^2 混成軌道の形成に参加しなかった C 原子の $2p_z$ 軌道は図 3-8(c) のように分子平面の垂直方向に広がりをもち，隣の C 原子の $2p_z$ 軌道とわずかに重なり合って π 結合を形成する。したがって C 原子間の二重結合のうち 1 本はこの π 結合であり，もう 1 本が sp^2 混成軌道の重なりによる σ 結合になっている。

アセチレン C_2H_2 では，C 原子内で図 3-9(a) のように，2s, $2p_x$ 軌道が混ざり合って 2 つの新しい sp 混成軌道 $\chi_1 \sim \chi_2$ がつくられる。sp 混成軌道は直線状になっていて，H 原子の 1s 軌道や隣の C 原子の sp 混成軌道と重なり合って σ 結合をつくっている。sp 混成軌道形成に参加しなかった C 原子の $2p_z$, $2p_y$ 軌道がそれぞれ xy 平面，zx 平面の上下で π 結合を形成する。したがって C 原子間の三重結合のうち 2 本が π 結合であり，1 本が sp 混成軌道による σ 結合になる。

その他，下表のように d 軌道も関与した混成軌道もあり，無機物質の錯体や錯イオンの立体構造を考える際に重要である。

混成軌道	$dsp^2(3d+4s+4p \times 2)$	$dsp^3(3d+4s+4p \times 3)$	$d^2sp^3(3d \times 2+4s+4p \times 3)$
分子の形	正方形	三角両錐	正八面体
軌道の形			

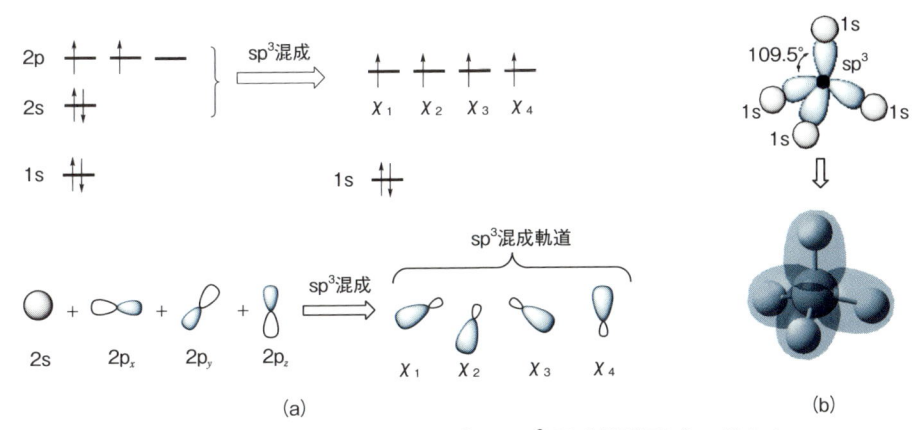

図 3-7 (a) CH_4 分子における C 原子内の sp^3 混成軌道形成の考え方
(b) C 原子の sp^3 混成軌道と H 原子の 1s 軌道との重なりによる σ 軌道

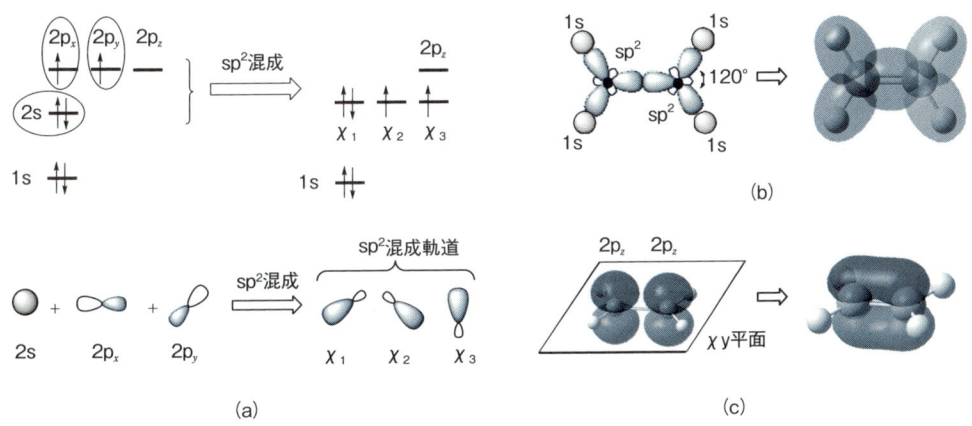

図 3-8 (a) C_2H_4 分子における C 原子内の sp^2 混成軌道形成の考え方
(b) C 原子の sp^2 混成軌道と H 原子の 1s 軌道との重なりによる σ 軌道
(c) $2p_z$ 軌道間の重なりによる π 軌道

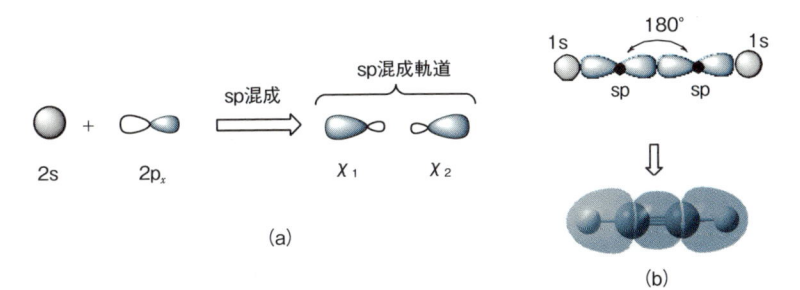

図 3-9 (a) C_2H_2 分子における C 原子内の sp 混成軌道形成の考え方
(b) C 原子の sp 混成軌道と H 原子の 1s 軌道との重なりによる σ 軌道

3.5 配位結合と錯体

水 H_2O やアンモニア NH_3 のように非共有電子対を含む分子は,この非共有電子対を使って電子をもたない水素イオン H^+ との間に結合をつくることができる。この反応によってオキソニウムイオン H_3O^+ やアンモニウムイオン NH_4^+ が生じる。

$$:\!\overset{..}{\underset{H}{O}}\!:\!H + H^+ \longrightarrow \left[\overset{H}{\underset{H}{:\!\overset{..}{O}\!:\!H}}\right]^+ \qquad :\!\overset{H}{\underset{H}{N}}\!:\!H + H^+ \longrightarrow \left[H\!:\!\overset{H}{\underset{H}{N}}\!:\!H\right]^+$$

このように共有電子対の 2 個の電子が一方の原子からのみ供給される共有結合を**配位結合**(coordinate bond)という。H_3O^+ の 3 本の O–H 結合や,NH_4^+ の 4 本の N–H 結合はすべて等価で,配位結合と他の共有結合の間に差異はない。つまり配位結合ができた後では,どれが配位結合であったかは区別がつかず,すべてが等価な共有結合になる。配位結合は遷移金属イオンがつくる**錯体**(complex)や錯イオン(complex ion)で重要な役割を担っている。

錯体は,中心に金属陽イオンが存在し,その周囲を配位子が取り囲んだ構造になっている。配位子は 1 組以上の非共有電子対をもつ分子またはイオンであり,中心金属に配位結合している。配位結合できる部位が 1 箇所の配位子は単座配位子,2 箇所以上あれば多座配位子と呼ばれる。多座配位子が中心金属に配位結合した錯体は,その立体構造からキレート(chelate,ギリシャ語の「カニの爪」)と呼ばれることもある。また,中心金属に配位結合している配位子の数を配位数という。錯体の名称は次のように命名する。(1) 配位子には表 3–4, 3–5 の名称を用いる。(2) 配位数として 2:ジ(ビス),3:トリ,4:テトラ,5:ペンタ,6:ヘキサ等の数詞接頭語を用いる。(3) 中心金属イオンの酸化数をかっこ内にローマ数字で明記する。(4) 錯体全体が陽イオンのときは「〇〇イオン」,陰イオンのときは「〇〇酸イオン」とする(図 3–10 参照)。

金属原子が 2 個含まれている二核錯体,3 個の三核錯体なども存在する。

表 3–4 単座配位子の例

名称	アクア	ヒドロキソ	アンミン	オキソ	クロロ	シアノ
化学式	H_2O	OH^-	NH_3	O^{2-}	Cl^-	CN^-

表 3–5 多座配位子の例

名称	アセチルアセトナト (acac)	エチレンジアミン (en)	エチレンジアミンテトラアセタト (edta)
座	2 座	2 座	6 座
化学式	$(CH_3COCHCOCH_3)^-$	$H_2NCH_2CH_2NH_2$	$(HOOCCH_2)_2NCH_2CH_2N(CH_2COOH)_2$

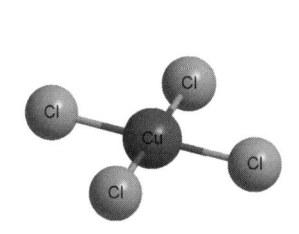

[CuCl₄]²⁻ の化学式は $[CuCl_4]^{2-}$
テトラクロロ銅(II)酸イオン

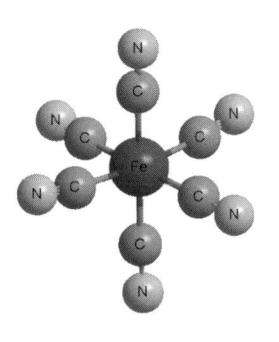

$[Fe(CN)_6]^{3-}$
ヘキサシアノ鉄(III)酸イオン

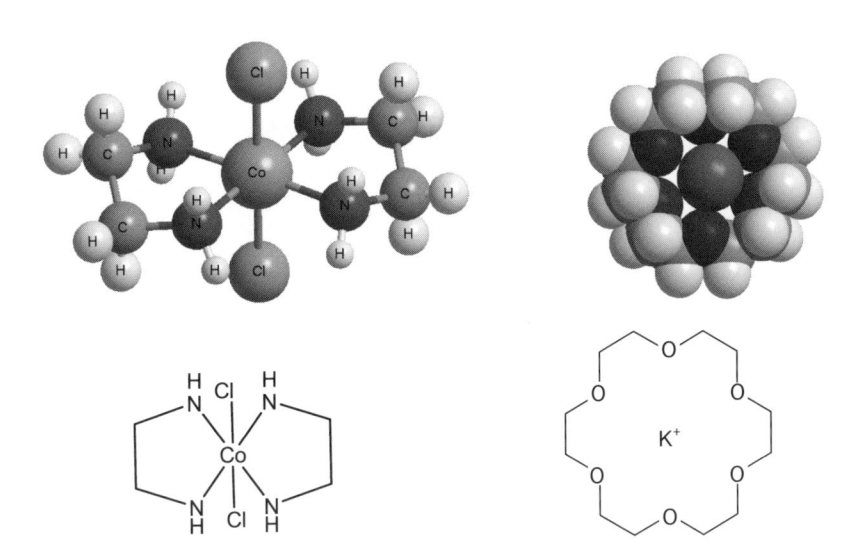

$trans\text{-}[CoCl_2(en)_2]^+$
トランス-ジクロロビス
(エチレンジアミン)
コバルト(III)イオン

18-Crown-6-ether $(\text{-}CH_2\text{-}CH_2\text{-}O\text{-})_6$ + K^+

図3-10 錯体の例

3.6　分子間力と水素結合

電気的に中性な分子の間に働く弱い引力のことを 分子間力 (intermolecular force) という。常温・常圧で気体になっている酸素，二酸化炭素などの分子，あるいは単独の原子で安定に存在している希ガスも，冷却や圧縮によって液化したり固体になったりするのは，分子や希ガス原子の間に分子間力が働いて凝集するからである。分子間力には次のような要因がある（図 3-11）。

1) 双極子－双極子相互作用（配向効果）：分子内に電荷の偏りのある極性分子どうしの場合，プラスとマイナスの電荷の間に引力が発生して比較的強い分子間力になる。

2) 双極子－誘起双極子相互作用：極性分子が無極性分子に近づくと，無極性分子に分極が起きて双極子が誘起され引力が発生する。

3) 電荷分布の揺らぎ（分散効果）：電子が分子内を動き回って生ずる瞬間的な電荷の偏りがわずかな引力を発生する。無極性分子間でも働く非常に微弱な分子間力である。この分散による分子間力はファンデルワールス (van der Waals) 力とも言う。

分子間力は非常に弱く，共有結合の 1/100 程度の強さである。このため分子間力によって分子が弱く結合してできた分子結晶は軟らかく，融点・沸点も一般に低くなる。

電気陰性度が特に大きい F，O，N などの元素と水素を含む分子どうしが，水素原子を間に挟む形で分子間力によって結合する場合，比較的強い結合になることがある。この結合を通常の分子間力による結合と区別して，特に 水素結合 (hydrogen bond) と呼ぶ。例えば水分子 H_2O では，電気陰性度の大きな O によって極性が大きくなり，さらにこの極性によって電子を O に奪われかけた H 原子が，隣の分子の O にある非共有電子対に向かって配位結合する傾向が出てくる。その結果，H_2O 分子間の分子間力が強まり，図 3-13 の点線のような水素結合ができる。水素結合は，分子間力による結合と配位結合の中間の性質を持つことになるので，水素結合の強さは他の分子間力の 10 倍程度，共有結合の 1/10 程度で，融点・沸点も類似化合物に比べるとかなり高くなる。また氷の結晶では水素結合によって，H_2O 分子がピラミッド状に並んでダイヤモンドと似た結晶構造をとる。この結果，氷は他の分子結晶には見られないほど硬い結晶になっている。水素結合はタンパク質や DNA 分子の立体構造に深く関与している（図 3-14）。

3.7　イオン結合

陽イオンと陰イオンがクーロン引力で結ばれている結合を イオン結合 (ionic band)，イオン結合でできている結晶を イオン結晶 (ionic crystal) という（図 3-15）。イオン結合は一般に，イオンの価数が大きいほど，またイオン半径が小さいほど強くなる。イオン間に働くクーロン力はかなり強いので，イオン結晶は硬く，融点・沸点が高いものが多くなる。またイオン結晶の固体では，陽イオンの価電子が陰イオンに束縛されて動けないので，電気伝導性はほとんどない。しかし，高温で液体になった場合やイオン結晶の水溶液では，イオンが移動できるので，高い電気伝導性を持つようになる。

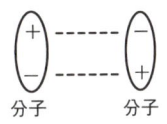

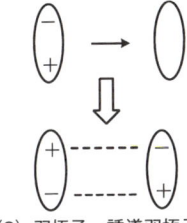

(1) 双極子－双極子相互作用　　(2) 双極子－誘導双極子作用　　(3) 電荷分布のゆらぎ

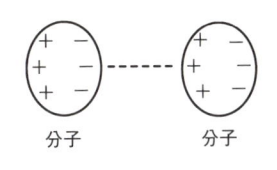

図 3-11　分子間力の要因

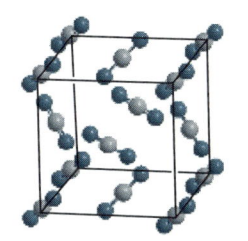

図 3-12　ドライアイス
（CO_2 の固体）（fcc 構造の分子結晶である）

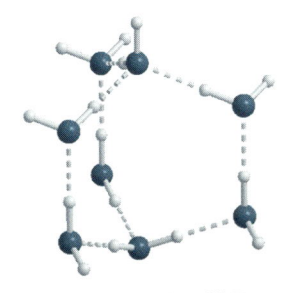

図 3-13　氷の結晶
（水分子 H_2O は点線の水素結合で結ばれている）

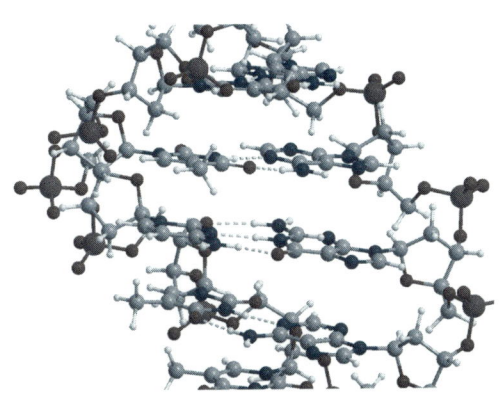

図 3-14　生物の遺伝情報を担う DNA の分子構造

（DNA は C, H, O, N などの原子が多数結合してできた DNA 鎖 2 本が, 点線の水素結合によって二重らせん構造の形をとっている）

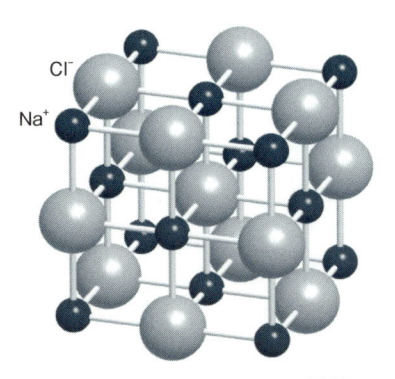

図 3-15　NaCl のイオン結晶

3.8　金属結合

　図3-16のように，金属の陽イオンは規則正しく周期的な3次元結晶格子をつくり，金属原子から離れた価電子は特定の陽イオンに固定されることなく，結晶中を自由に動き回る。このような電子を自由電子（free electron）といい，金属陽イオンどうしを結びつける働きをもっている。このように自由電子が金属イオン全体にいわば共有される形でできているのが金属結合（metallic bond）である。金属単体はこの自由電子による金属結合によって，陽イオンがしっかり結びつき硬い結晶格子をつくっている。次のような金属単体の特徴もすべてこの自由電子に由来する。

1) 電気や熱を伝えやすい。
2) 特有の金属光沢をもつ物質が多い。
3) 外部からの力によって容易に変形し，延性（銅線のように線状に長く伸びる性質）や展性（金箔やアルミ箔のように，薄く面状に広がる性質）が高い。

　金属結合をもう少し詳しく述べれば次のようになる。Na原子1個の場合から始めて原子数を徐々に増やしていき，金属結晶にする場合を考えよう。単独のNa原子では価電子は3s軌道に1個存在している。次の仮想的なNa$_2$分子では，水素分子と同様にして，エネルギーの低い結合性軌道に価電子が2個収まり，エネルギーの高い反結合性軌道には電子が存在しない電子配置が得られる。このようにして順次原子数を増やしていったときの電子配置が図3-17である。23gのナトリウムの金属結晶にはアボガドロ数6.0×10^{23}個の原子および価電子が存在するが，これは無限大と見なしてもよいほど大きな数である。この金属結晶の電子配置が図3-17の一番右側に対応している。電子の軌道は密集し，一本一本描くわけにはいかないので塗りつぶされている。このように無限大と見なせるような巨大な数の原子からなる結晶における，連続的なエネルギー準位図をエネルギーバンドと呼んでいる。電子はエネルギーの低い軌道から順次2個ずつ入っていくので，図3-17のエネルギーバンドでは下半分の灰色部分が価電子で占められ，上半分が電子のいない空の軌道になっている。電子が入っている軌道のうち最もエネルギーの高い軌道をフェルミ準位，そのエネルギーの値をフェルミエネルギーと呼んでいる。このようにして，ナトリウム金属では3s軌道が互いに重なり合って結晶中に巨大なネットワークを構成し，結晶全体に広がった多数の軌道ができる。これらの軌道に入った価電子が結晶全体を動き回ることによって，電子の海のような状態をつくり，金属陽イオンの結晶格子を安定化させている。これが自由電子による金属結合の正体である。価電子以外の電子も考慮し，結晶構造の周期性を利用した，より詳しい計算によると，金属陽イオンと電子，あるいは電子間のクーロン相互作用によって，軌道間に大きなエネルギー差が生じる箇所が出てきて，エネルギーバンドに切れ目ができる。このバンドの切れ目のことをエネルギーギャップという。図3-18に示したように，エネルギーギャップの大きさとフェルミ準位の位置関係で，物質の電気伝導性などを直感的・定性的に説明できる（固体電子論，バンド理論）。

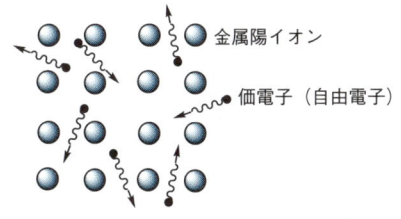

図 3-16　金属の自由電子モデル

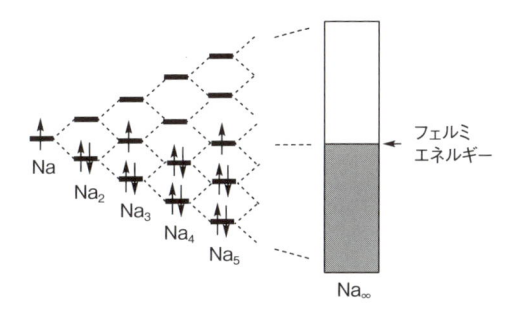

図 3-17　ナトリウム金属単体のエネルギーバンドの考え方

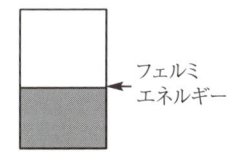

(1) 金属：多くの金属結晶では，ひとつのエネルギーバンドの途中まで電子がつまり，空になっている上の軌道への電子の移動が可能である。この上部の空いた空間を電子が動き回ることができるのが金属のバンド構造であり，その結果電気の良導体になっている。

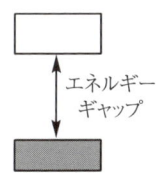

(2) 絶縁体：上のバンドは空になっているが，下のバンドが電子でぎっしり詰まっていて身動きできない。電場をかけても大きなエネルギーギャップのために上のバンドに電子が飛び移ることができずに，電流が流れない。

(3) 真性半導体：下のバンドが電子で詰まっていて，上のバンドが空になっている。2つのバンドを隔てるギャップが小さく，ごくわずかの電子が上のバンドに飛び移って，電気伝導にわずかに寄与する。純粋なケイ素やゲルマニウムの単体結晶がこれにあたる。

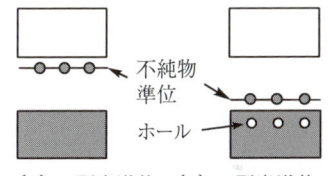

(4) n 型半導体：真性半導体に電子供与性の不純物（余分な価電子をもつ不純物）を少量添加すると，上のバンドのすぐ下に不純物準位ができて，余分な電子がここに収まる。この不純物準位の電子は，上のバンドに容易に飛び移ることができて，空いた空間を動き回り電導性が増加する。マイナスの電荷（negative charge）を持った電子が電流を運ぶので n 型と呼ばれている。

(5) p 型半導体：真性半導体に電子受容性の不純物（価電子が足りない不純物）を少量添加すると，下のバンドのすぐ上に不純物準位ができる。下のバンドの電子は，不純物準位に容易に飛び移ることができて，下のバンドに電子の抜け跡＝ホール（正孔）が多数できる。電場によってホールの周りの電子が集団で動くので，ホールは見かけ上プラスの電荷を持った電子として逆向きに動き，電導性が増加する。プラスの電荷（positive charge）を持ったホールが電流を運ぶので p 型と呼ばれている。

図 3-18　物質のバンド構造

3.9 金属結晶の構造

純粋な金属単体の固体は，その構成要素である金属イオンが規則正しく3次元的に配列して周期性をもっている。このような固体を結晶という。その周期性により，結晶の構造は単純な単位構造の繰り返しによる格子状構造をつくることになり，この最小単位構造は単位格子（unit cell）と呼ばれている。金属単体の代表的な結晶構造を図 3-19 に示す。結晶格子中で，ある粒子に最も接近している他の粒子の数を配位数，粒子を完全な球として，この球が最近接の球と接していると仮定したときの，球の占める体積と単位格子の体積の比（球の占める体積／単位格子の体積×100）を充塡率という。充塡率（％）は単位格子の一辺の長さを a，球の半径を r として，それぞれ次のように計算できる（球1個の体積は $4\pi r^3/3$）。

1) 単純立方格子（simple cubic lattice: sc）

$$a = 2r \text{ より，} \frac{4\pi r^3/3}{a^3} \times 100 = 52.4$$

2) 体心立方格子（body centered cubic lattice: bcc）

単位格子の対角線の長さは $\sqrt{3}\,a = 4r$，

$$a = 4r/\sqrt{3} \text{ より，} \frac{2 \times 4\pi r^3}{a^3} \times 100 = 68$$

3) 面心立方格子（face centered cubic lattice: fcc）

面の対角線の長さは $\sqrt{2}\,a = 4r$，

$$a = 2\sqrt{2}\,r \text{ より，} \frac{4 \times 4\pi r^3/3}{a^3} \times 100 = 74$$

4) 六方最密充塡構造（hexagonal close packing: hcp）

単位格子の長辺の長さは $2\sqrt{6}\,a/3$，底面積が $\sqrt{3}\,a^2/2$，体積は $\sqrt{2}\,a^3$，

$$a = 2r \text{ より，} \frac{2 \times 4\pi r^3/3}{\sqrt{2}\,a^3} \times 100 = 74$$

面心立方格子と六方最密構造はいずれも充塡率が 74% になっているが，これは同じ大きさの球を最も密に詰め込んだ場合の値になっている。この意味で面心立方格子を立方最密構造（cubic close packing: ccp）ともいう。実は，図 3-19(c) の面心立方格子の単位格子をいくつか並べて，斜めの対角線方向から見ると，図 3-19(d) の六方最密構造と似た構造が現れる。この様子を図 3-20 に示した。同じ大きさの球を隙間なく並べて A 層をつくり，その上に球の中心位置をずらして A 層のくぼみに，やはり球を隙間なく並べて B 層をつくる。第3層として球を隙間なく並べるときに，球の中心を A 層とも B 層とも異なる位置にしたのが立方最密構造（ABCABC・・・の積層構造），A 層と同じ位置に置いたのが六方最密構造（ABABAB・・・の積層構造）となる。

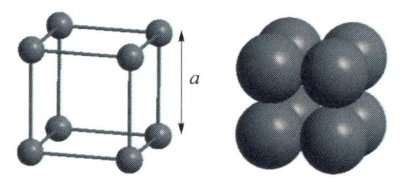

(a) 単純立方格子
(simple cubic lattice: sc)

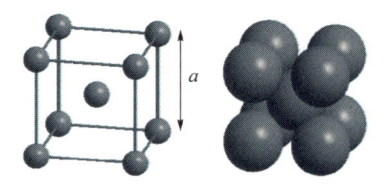

(b) 体心立方格子
(body centered cubic lattice: bcc)

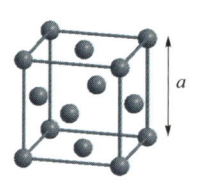

(c) 面心立方格子（立方最密充填構造）
(face centered cubic lattice: fcc)
(cubic close packing: ccp)

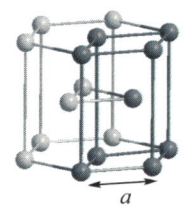

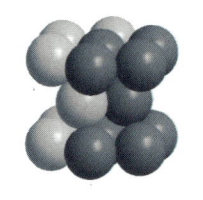

(d) 六方最密充填構造
(hexagonal close packing: hcp)
（単位格子は色の濃い部分）

図 3-19　金属単体の結晶構造

表 3-6　金属単体結晶の単位格子

単位格子	単位格子に含まれる粒子数	配位数	充填率（％）	代表例
sc	1/8×8＝1	6	52	Po
bcc	1/8×8＋1＝2	8	68	Li, Na, K, Fe
fcc	1/8×8＋1/2×6＝4	12	74	Al, Cu, Ag, Au
hcp	1/12×4＋1/6×4＋1＝2	12	74	Be, Mg, Ti, Zn

A層　　B層　　C層

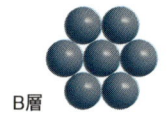

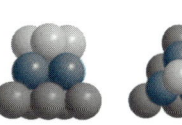

真横から　真上から　斜め上から　　真横から　真上から　斜め上から

六方最密構造（ABAB・・・）　　　立方最密構造（ABCABC・・・）

図 3-20　球を最も密に隙間なく並べた最密構造

3.10 固体の性質

結合の種類で分類した物質の性質を表 3-7, 3-8 にまとめた。

(1) 金属結晶：典型元素（周期表の 1, 2, 12～18 族元素）の金属単体には，融点・沸点が低く，軟らかいものが多い。遷移金属元素（周期表の 3～11 族元素）の単体には，融点・沸点が高く，硬い結晶が多い。

(2) イオン結晶：陽イオンと陰イオンが静電気的な力で強く結合しているイオン結晶は，非常に硬く，融点・沸点も極めて高くなる。

(3) 分子結晶（分子性結晶）：分子間力によって分子どうしが弱く結びついている分子結晶は軟らかく，融点・沸点も一般に低くなる。

(4) 共有結合結晶（共有結合性結晶）：結晶の構成原子がすべて共有結合だけで結ばれて，全体が 1 つの巨大な分子のようになっている。非常に硬く，融点・沸点も極めて高くなる。典型的なダイヤモンドでは，正四面体の中心にある炭素原子が，頂点に位置する炭素原子 4 個と共有結合していて，この正四面体が次々と繰り返された立体構造をとっている。ケイ素 Si やゲルマニウム Ge の単体，炭化ケイ素 SiC，二酸化ケイ素（石英）SiO_2，窒化ホウ素 BN なども共有結合結晶になる。半導体の材料として重要な Si や Ge の単体結晶はダイヤモンドなどに比べると，融点・沸点は低くかなり軟らかくなっている。

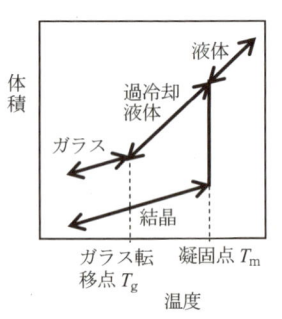

固体には，構成粒子が規則正しく並んで周期性をもつ結晶だけではなく，構成粒子が不規則に並んで長距離秩序を失った非晶質（amorphous アモルファス）もある。アモルファスシリコンがその代表例であり，ゴムやガラスなども非晶質の一種である。結晶が一定の融点・凝固点を示すのに対し，非晶質が融解・凝固する際には変化が連続的になり，一定の温度・圧力のもとにはおこらない。液体を急冷すると粘度が固体と同程度に達した非晶質の無定形状態に達する。これを特にガラス状態という。高温の過冷却液体状態から低温のガラス状態に変化する温度は，ガラス転移点と呼ばれる。

図 3-21(a) のように Si の単体結晶はダイヤモンドと同じ構造になるのに対し，(b) のアモルファスシリコンは乱れた構造になっている。アモルファスシリコンは結晶半導体に比較して薄膜の形成加工が容易であり，また薄膜の生成条件によって半導体のエネルギーギャップなどの特性を変えることができるので，薄膜トランジスタや太陽電池などの pn 接合半導体材料として広く応用されている。

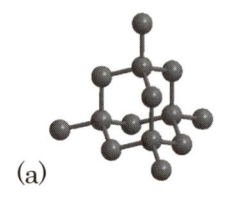

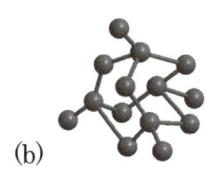

図 3-21
(a) 共有結合結晶の Si 単体の構造
(b) アモルファスシリコン

表 3-7 物質の融点・沸点

典型元素の金属単体	融点/°C	沸点/°C
Na	97.8	881
Al	660	2470
Hg	−38.8	357

遷移元素の金属単体	融点/°C	沸点/°C
Fe	1535	2750
Cu	1083	2570
Ag	962	2210

イオン結晶	融点/°C	沸点/°C
NaCl	801	1413
Al_2O_3	2015	2974
CaO	2572	2850

分子性物質	融点/°C	沸点/°C
He	−272(26 atm)	−269
Ne	−249	−246
H_2	−259	−253
O_2	−218	−183
N_2	−210	−196
CH_4	−183	−162
CO_2	−78.5(昇華点)	−57(5.2 atm)
C_6H_6	5.5	80.1

共有結合結晶	融点/°C	沸点/°C
ダイヤモンド	3550	4800
Si	1410	2355

表 3-8 結晶の性質

結晶の分類	金属結晶	イオン結晶	分子結晶	共有結合結晶
物質例	鉄 Fe アルミニウム Al 金 Au	塩化ナトリウム NaCl 酸化マグネシウム MgO	ドライアイス CO_2 ヨウ素 I_2	ダイヤモンド C 二酸化ケイ素 SiO_2 (水晶)
構成要素	金属陽イオンと自由電子	陽イオンと陰イオン	分子	原子(巨大分子)
結合の種類	金属結合	イオン結合	分子間力(分子内の原子は共有結合)	共有結合
融点・沸点	一般に高い	非常に高い	低い	極めて高い
電気伝導性	あり	なし(固体) あり(液体)	なし	なし
機械的性質	硬い 延性・展性がある	硬くてもろい	軟らかい	極めて硬い
結晶構造の例	アルミニウム Al	塩化ナトリウム NaCl	ドライアイス CO_2	ダイヤモンド C

3.11 状態変化と相平衡

化学的組成や物理的状態が全体にわたって一様で均一になっている系は相（phase）という。例えば，固体，液体，気体はそれぞれ異なる相になっていて，固相，液相，気相と呼ばれる。物質がある相から他の相に変わることを相転移（phase transition）という。固相⇌液相，液相⇌気相などの状態変化も相転移である。それぞれの相では，温度，圧力，物質量によって決まるギブズ自由エネルギー G の値が異なり，最低の G の値をもつ相が選択される。相転移の前後では，体積 $V=(\partial G/\partial P)_T$ やエントロピー $S=-(\partial G/\partial T)_P$ はそれぞれの相で大きく異なるので，温度変化が不連続になって大きな飛びができる（G の1階微分係数が不連続になっている）。このような相転移を特に1次の相転移という。これに対し，磁性の転移や超伝導状態への転移など，体積やエントロピーは連続で，2階微分係数が不連続になっている転移も存在し，このような転移は2次相転移と呼ばれている（図3-22）。熱とエントロピーの変化量の間には $\Delta Q = T\Delta S$ の関係があるので，相転移点でのエントロピーの大きな変化は，熱エネルギーの移動をともなうことになる。相転移によって移動する物質1molあたりの熱エネルギーは潜熱と呼ばれ，固相－液相の相転移では融解熱，液相－気相では蒸発熱，固相－気相では昇華熱がこれにあたる。

相の数を p，成分の数を c，自由度（degree of freedom）（系全体の性質を決めるのに必要な示強性独立状態変数の数）を f とするとき，相平衡にある系ではギブズの相律（phase rule）$f = c - p + 2$ が成立する。

図3-23の H_2O や CO_2 の状態図のように，1成分（$c=1$）しかない場合は，自由度 f は相の数 p で決まる。2成分系（$c=2$）は，2種類の物質の混合物，ナフタレンをベンゼンに溶かした溶液，気体の酸素が水に溶けている溶液，2成分の合金などにあたる。液相は溶液（solution），固相は固溶体（solid solution）ともいう。液体は，完全に溶け合うことが多いが，固溶体の溶け合い方には多くの型がある。図3-24には圧力一定の場合（自由度が1つ減って $f = c - p + 1$）の典型例を示すが，実際には液相が完全に溶け合わないなど，さらに多くの型がある。

1) 完全（全率）固溶体型：溶解限度が存在せず，2成分が完全に溶け合う場合，固相では任意の成分比で固溶体になる（$p=1$, $f=2$ は温度と組成比の自由度）。固相線と液相線で囲まれた領域では，固相と液相が共存する（$p=2$, $f=1$）。

2) 単純共晶型：固相では2成分が全く溶け合わない場合，固溶体にはならずに，2成分が独立に存在した単純な混合物の共晶となる（$p=2$, $f=1$）。固相線と液相線で囲まれた領域では，固相と液相が共存するが，共晶点（共融点）Aを境として各成分が単独に存在するようになり，固相の成分は組成によって異なる。Aの組成比で温度を下げると2成分が同時に析出する。この現象を示す合金は共晶合金と呼ばれる。

3) 部分共晶型：固相に溶解限度が存在し，2成分が一部分だけ溶け合う場合，成分比の異なる固溶体が存在する。図中の α はXの成分が多い固溶体，β はYの成分が多い固溶体である。中央部分では両方の固溶体が共存した共晶混合物となり，共晶点も存在する。

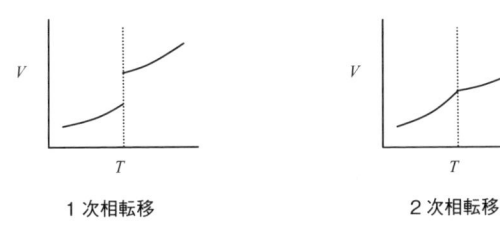

1次相転移　　　　　　　　　2次相転移

図3-22　相転移

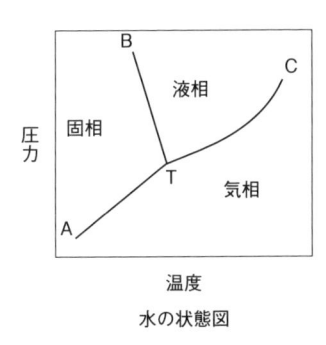

水の状態図

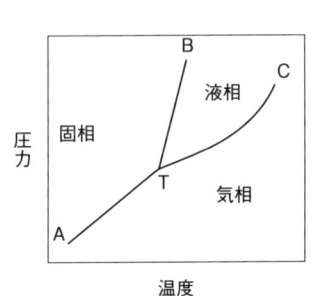

二酸化炭素の状態図

p	f	状態変数	
1	2	T と P	固相, 液相, 気相の各領域では, 温度 T と圧力 P によって状態が決まる。
2	1	T または P	曲線 TA, TB, TC の各曲線上では, 2つの相が共存し, 温度 T または圧力 P によって状態が決まる。
3	0	なし	三重点Tでは3つの相が共存し, 温度も圧力も変化しない。

図3-23　1成分系の状態図

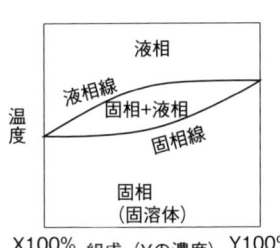

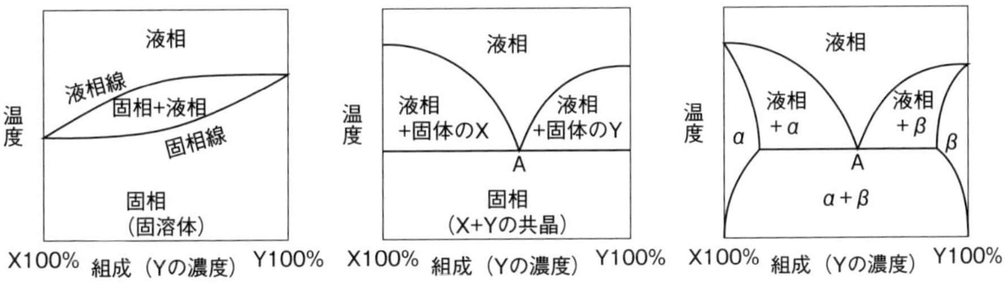

(a) 完全固溶体型　　　(b) 単純共晶型　　　(c) 部分共晶型

図3-24　2成分固溶体の状態図

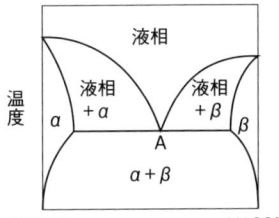

図 3-25 には，2 成分系状態図における相変化の様子と組成変化を示した。ここで T_X，T_Y はそれぞれ，成分 X，Y が組成比 100% の純粋な場合の融点である。

図 3-25 (a) の完全固溶体の場合，液相にある点 a から冷却して温度を $T_1 \to T_2 \to T_3$ と下げて行くと，温度 T_1 の液相線に達した点 b で固相（固溶体）が析出し始める。このときの固相の Y 成分の組成比は，元の液相の組成比 y_a ではなく，温度 T_1 での固相線上の点 e における組成比 y_e になる。さらに温度を下げて行くと液相と固相が共存し，固相の量が徐々に増えて行く。温度が T_2 の共存相内の点 c における固相と液相の Y 成分の組成比は，それぞれ点 f における組成比 y_f，点 g における組成比 y_g である。点 c における固相量と液相量の割合は，図 3-26 のてこの原理から計算できる。図 3-26(a) のシーソーの場合，バランスをとるにはモーメントが同じになるように，質量 m_1，m_2 と距離 l_1，l_2 の間には $m_1 l_1 = m_2 l_2$ の関係が成立する。同じように，図 3-26(b) の場合，てこの原理によって

$$\text{固相量} \times (y_a - y_f) = \text{液相量} \times (y_g - y_a)$$

の関係が成立する。これにより，共存相内の点 c における固相と液相の割合は，

$$\text{固相量}/\text{液相量} = (y_g - y_a)/(y_a - y_f)$$

となる。さらに冷却して温度が T_3 以下になると液相は消失し，Y 成分の組成比が y_a の均一な固溶体のみになる。一般に，溶解限度が存在せず，2 成分が完全に溶け合う完全固溶体ができるのは，X 原子と Y 原子の大きさ，原子価，電気陰性度などがほぼ等しい場合である。

図 3-25(b) の単純共晶型の場合，液相にある点 a から冷却して行くと，温度 T_1 の液相線に達した点 b で固相が析出し始める。このときの固相の Y 成分の組成比は 0 で，X 成分 100% の固相になっている。さらに温度を下げて行くと，液相と X 成分のみの固相が共存し，固相の量が徐々に増えて行く。温度が T_2 の共存相内の点 c における液相の Y 成分の組成比は y_d である。点 c における固相量と液相量の割合は，てこの原理によって，

$$\text{固相量}/\text{液相量} = (y_d - y_a)/y_a$$

と計算できる。さらに冷却して温度が T_A 以下になると液相は消失し，Y 成分 100% の固相が初めて現れて，2 成分が独立に存在した単純な混合物の共晶となる。点 A は，X 成分のみの固相，Y 成分のみの固相，液相の 3 つの相が共存する共晶点（共融点，eutectic point）であり，このときの温度 T_A を共晶温度という。

図 3-25(c) の部分共晶型の場合も，液相にある点 a から冷却して行くときの変化は，(b) の単純共晶型の場合と同様であるが，点 b で析出し始める固相 α は，Y よりも X の成分が多い固溶体である。さらに冷却して温度が T_A の点 e では，Y の成分が多い固溶体 β も析出し始める。このときの液相，α，β の Y 成分の組成比はそれぞれ，y_A，y_i，y_f である。一方，図の左端は固溶体 α のみになり，その Y 成分の最大濃度は温度に依存して，図中の g→h→i→0 のように変化する。固溶体 α 中の Y 成分の濃度は，共晶温度 T_A で最大値 y_i になる。図の右端の固溶体 β についても同様に考えることができる。

3　固体化学の基礎　45

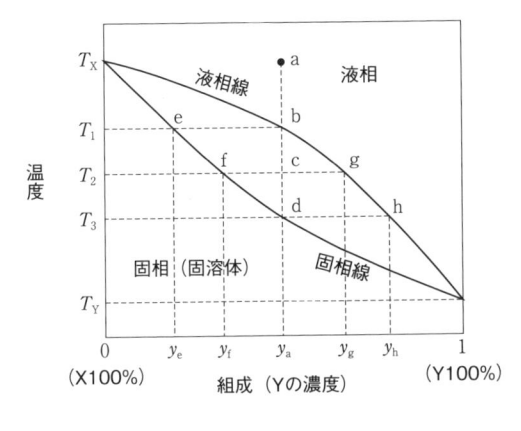

(a) 完全固溶体型

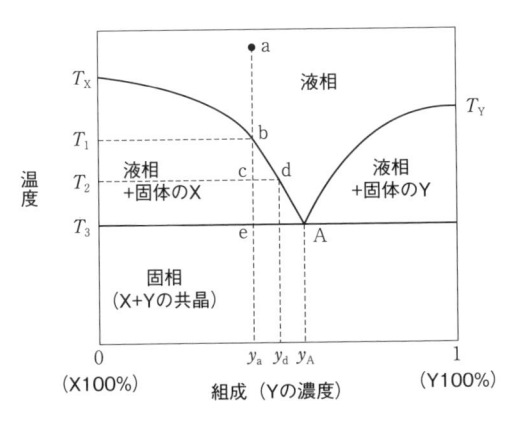

(b) 単純共晶型

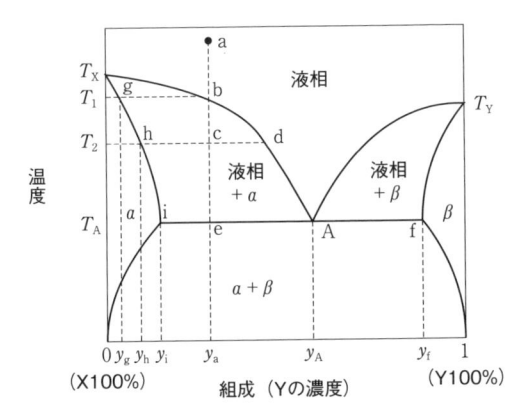

(c) 部分共晶型

図 3-25　2 成分系状態図における相変化

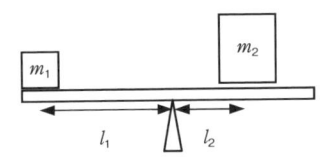

(a) シーソー

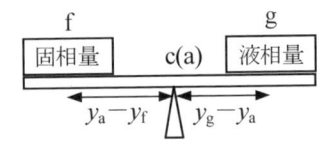

(b) 完全固溶体

図 3-26　てこの原理

結晶構造

一般に，固体結晶の可能な構造はその周期性により 230 種類あり，表のように 7 種類の晶系に分類されている。この 7 種類の晶系はさらに，単位格子の稜の長さ，頂角，単位格子中の格子点によって，14 種類のブラベー格子（Bravais lattice　空間的な対称性によって分類された結晶格子）に分類される。

7 種類の晶系と 14 種類のブラベー格子

晶系	稜の長さと頂角	単純	底心	体心	面心
三斜晶 (triclinic)	$a \neq b \neq c$ $\alpha, \beta, \gamma \neq 90°$	▢			
単斜晶 (monoclinic)	$a \neq b \neq c$ $\alpha = \gamma = 90°$ $\beta \neq 90°$	▢	▢		
斜方晶 (orthorhombic)	$a \neq b \neq c$ $\alpha = \beta = \gamma = 90°$	▢	▢	▢	▢
正方晶 (tetragonal)	$a = b \neq c$ $\alpha = \beta = \gamma = 90°$	▢		▢	
立方晶 (cubic)	$a = b = c$ $\alpha = \beta = \gamma = 90°$	▢		▢	▢
三方晶（菱面体晶）(trigonal)	$a = b = c$ $\alpha = \beta = \gamma \neq 90°$	▢			
六方晶 (hexagonal)	$a = b \neq c$ $\alpha = \beta = 90°$ $\gamma = 120°$	▢			

4

セラミックスの特徴

身の周りにあるセラミックス

食　器	陶磁器の食器, ガラスの食器	赤外線センサー	チタン酸ジルコン酸鉛(焦電性)
容　器	ガラスビン, ガラス容器	ガスセンサー	酸化スズ
包丁・はさみ	部分安定化ジルコニア	ガスコンロ点火	チタン酸ジルコン酸鉛(圧電性)
化粧品	紫外線防止剤(ZnO, TiO_2), マイカ, 歯摩剤	テレビ	ブラウン管, 偏向ヨーク
衛生陶器	便器, 手洗い用陶器	薄型テレビ	ガラス基板, フェライト
建　材	ケイ酸カルシウム板, ALCパネル, コンクリート, タイル, 瓦	自動車	タービンホイール, 排ガス浄化触媒, 酸素センサー(ZrO_2), LED
ガラス建材	大型板ガラス, ガラスウォール	体温計	NTCサーミスタ
人工宝石	エメラルド, サファイヤ, ルビー	洗　剤	ゼオライト

われわれの身の周りには多くのセラミックス製品がある（第4章扉）。茶碗や皿，ガラスコップなどの日常生活用品，蛍光灯，電球，テレビのブラウン管や各種半導体などの電気・電子機器部品，排ガス浄化触媒やプラグ，各種センサー，LED表示板などの自動車部品，パソコンや携帯電話のディスプレイパネル，情報通信用の光ファイバーなどの情報通信部品，窓ガラス，衛生陶器，コンクリート，タイルなどの建築・建設製品など，多岐にわたり，重要な材料である。セラミックスの特徴は，電子構造，化学結合，結晶構造，微構造などによって変化し，セラミックスの物性発現もこれらの高度な制御によって生じる。

4.1　セラミックスの化学結合

酸化マグネシウム（MgO），酸化ニッケル（NiO），酸化亜鉛（ZnO），酸化ジルコニウム（ZrO_2），二酸化チタン（TiO_2），酸化鉄（Fe_2O_3），チタン酸バリウム（$BaTiO_3$）などの代表的なセラミックスの化学組成をみた場合，周期律表の左側にある電気陽性元素と右側にある電気陰性元素との組み合わせであることがわかる。このうち，電気陽性元素は電子を放出して陽イオンに，電気陰性元素は電子を受け取って陰イオンにそれぞれなり，これらの陽イオンと陰イオンとの静電力（クーロン力）によるイオン結合である（3.8参照）。セラミックスの多くがイオン結合であり，その結合の特長である高硬度，絶縁性，高融点，脆性材料となる（表4-1）。イオン結合には金属結合のような自由電子がないため，一般的には絶縁性である。また，陽イオンと陰イオンとの静電力による強い結合力をもつことから，高硬度，高融点な特徴を示す。しかし，イオン結合のセラミックスには，金属結合のような外部応力による転位現象によって生じる延性や展性という特長はなく，異なる電荷のイオンがずれると同じ電荷の配列になり，その構造は保てなくなって脆性破壊（硬くて脆い性質）を起こす（図4-1）。二酸化ケイ素（SiO_2）や酸化アルミニウム（Al_2O_3）などは酸化物ではあるが，完全なイオン結合性ではなく，ある程度の共有結合性をもち，結合に方向性をもつ。

一方，グラファイト（C），ダイヤモンド（C），炭化ケイ素（SiC），窒化ケイ素（Si_3N_4），窒化アルミニウム（AlN）などの非酸化物系セラミックスはイオン結合ではなく，それぞれの価電子をお互いに共有し合うことによって生じる共有結合をもつ（3.1～3.3参照）。共有結合では結合間距離，結合角が決まり，イオン結合（球体の単なる充填）にはない，結合の方向性が表れる。たとえば，ダイヤモンドの場合にはsp^3混成軌道を形成して4つのC–Cの結合間距離と結合角が均等になって正四面体の構造をとる（図4-2）。このダイヤモンド構造は力学的に優れた構造で外部応力を結晶構造中の原子に均一に分散させることから，物質の中で一番硬い材料となる。このダイヤモンド構造のCをSiに置き換えたものが炭化ケイ素であり，耐熱性機械部品等に利用されている。しかし，同素体であるグラファイトはsp^2混成軌道と一対のπ電子（ファンデルワールス力として影響する）を形成して3つのC–Cの結合角は120°の均等になって六角形平面構造をとり，この平面構造どうしをπ電子で結合している。これと類似した構造に六方晶型窒化ホウ素（h–BN）があり，その性質もグラファイトに類似する（h–BNは電気絶縁性である）。

表 4-1 セラミック材料の主な特徴

	硬度	機械的強度	耐摩耗性	脆性	軽量性	耐熱性	導電性	熱伝導性	耐食性	加工性
セラミック材料	◎	◎	◎	×	○	◎	×	×	◎	×
金属材料	△	◎	△	◎	×	○	◎	◎	×	◎
高分子材料	×	○	×	◎	◎	×	×	×	○	◎

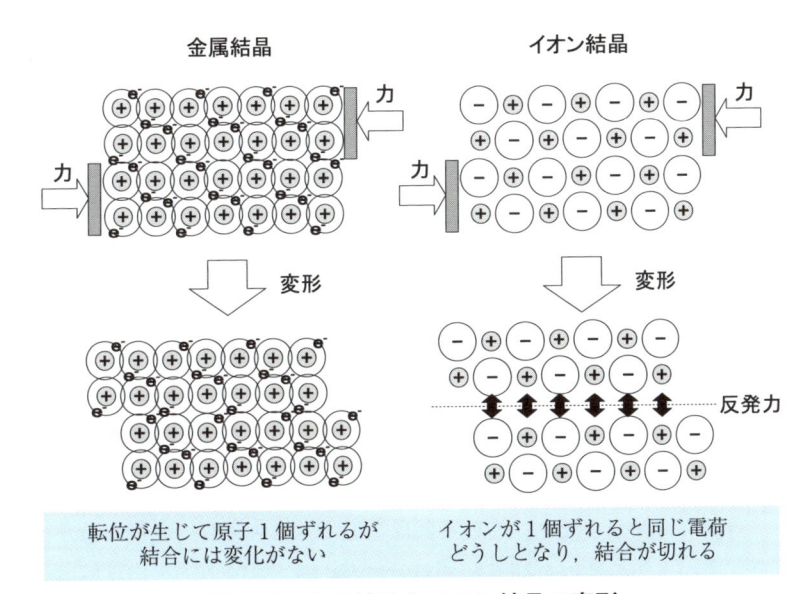

図 4-1 金属結晶とイオン結晶の変形

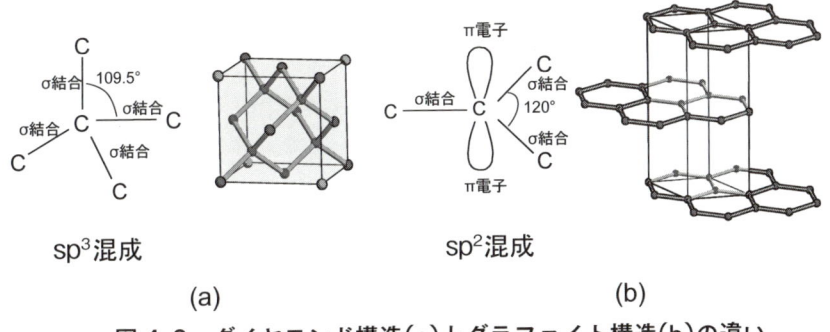

図 4-2 ダイヤモンド構造(a)とグラファイト構造(b)の違い

4.2 伝統的セラミックス

セラミックス（ceramics）の語源は，ギリシャ語の「keramikos」であり，土器などを作る製造プロセスでできているものの総称をいう。現在では，金属酸化物などを高温で熱処理して焼き固めたバルク体を意味し，「無機質・非金属・固体・材料」を指す。近年，多様な，より進んだ機能と特性を有するセラミックスとして先進セラミックス（ニューセラミックス，ファインセラミックス，アドバンスセラミックスともいう）が注目されている。しかし，この先進セラミックスも，基本的には原料調製し，その原料を所望の形状に成形し，加熱処理して焼き固めるという手法を用いているため，土器や陶器などの伝統的セラミックスの手法とほとんど変わりない。この項では，いくつかの伝統的セラミックスについて説明する。

(1) 陶磁器

陶磁器は，天然原料である粘土（$SiO_2 \cdot Al_2O_3 \cdot H_2O$），長石（$K_2O \cdot Na_2O \cdot Al_2O_3 \cdot SiO_2$），ケイ石（$SiO_2$）を混ぜ，焼き固めたものの総称であるが，これを釉薬の有無，透水性や焼成温度などで，土器，陶器，炻器，磁器に大きく分類することができる（表4-2）。

土　器　日本では縄文式土器や弥生式土器などが有名である。一般には粘土を成形して700～900℃の野焼きの状態で焼いた器のことであり，釉薬は施されていない。土器には気孔が多く残っているために透水性があり，器壁の強度も陶器や磁器に比べて弱く，比重が軽く，脆くて壊れやすい。土器には鉢，瓦やテラコッタレンガなどがある。

陶　器　鉄分を含まない粘土を用いて成形し，1,100～1,300℃の温度の窯で焼いた器のことであり，表面には釉薬を施す。この釉薬は高温でガラス化し，光沢や色がえられるとともに，ガラス層が亀裂の進展を抑制して表面強度を向上させる。素地は厚く，透光性はない。また，器は重く，叩いたときの音も鈍い。日本では平安時代に瀬戸で窯を用いた施釉した陶器の製造が始まった。代表的な窯元として萩焼，瀬戸焼などがある。また，食器の他に衛生陶器や建築用タイルなども陶器に含まれる。

炻　器　鉄分を含む粘土を原料にもちいて成形し，無釉の状態で1,200～1,400℃の温度の窯で焼きしめたものである。代表的な窯元として備前焼，常滑焼などがある。

磁　器　カオリナイトを多く含む粘土，長石，ケイ石を混ぜて混練し，成形したものを1,300～1,500℃の高温で焼き固めたものである。高温でカオリナイト（$Al_2O_3 \cdot 2SiO_2 \cdot 2H_2O$）がムライト（$3Al_2O_3 \cdot 2SiO_2$）化することと長石（$K_2O \cdot Na_2O \cdot Al_2O_3 \cdot SiO_2$）が融解してガラス化して気孔を埋めるために素地の機械的強度は高く，透水性もない。また，素地は薄手で軽く，半透光性の性質をもち，叩くと澄んだ金属音がする。表面には陶器と同様に施釉されている。焼成温度や原料によって軟質磁器と硬質磁器とに分けられる。有田焼，九谷焼などに代表され，ノリタケ，ナルミなどの高級食器や高級装飾品がある。

このような陶磁器の製造プロセスは，原料配合→混合・混練→成形→乾燥→焼成→施釉→製品となり，施釉工程を除けばセラミックスの製造プロセスの基本となっている。

表 4-2　陶磁器の種類

種類	焼成温度（℃）	釉薬	性質	例
土器	700〜900	無	有色，吸水性	レンガ，瓦，植木鉢
陶器	1,100〜1,300	有	厚手，濁音	食器，衛生陶器，タイル
炻器	1,200〜1,300	無	有色，金属音	備前焼，常滑焼
磁器	1,300〜1,500	有	薄手，金属音，透光性	高級食器，高級装飾品

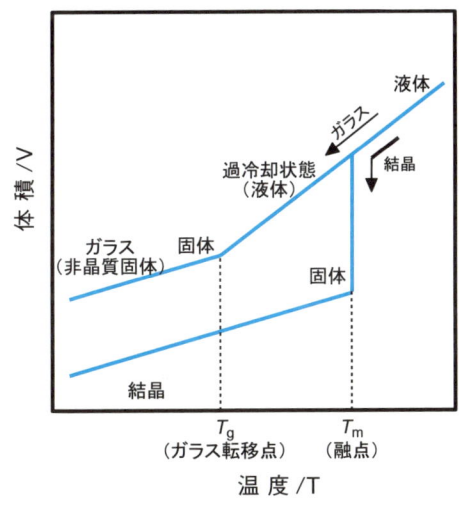

図 4-3　ガラス転移点

セラミック原料をいったん融点を超えた温度にすると融液となる。これを冷却する際，結晶は融点（T_m）で急激な体積収縮をともない結晶化する。一方，ガラスの場合，融点を過ぎても結晶化せずにそのまま過冷却な融液状態を保ち，ガラス転移温度（T_g）まで下がったときに，わずかな体積変化をともない急激に融液の粘性が増大して固化する。

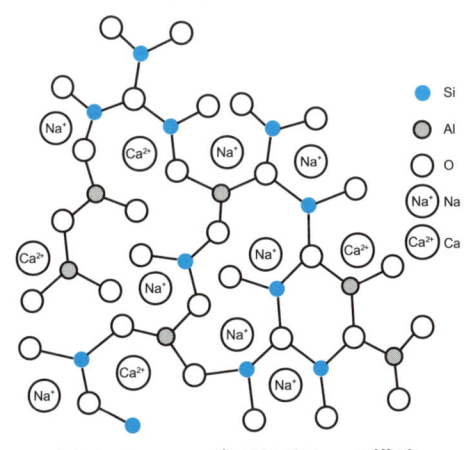

図 4-4　ソーダ石灰ガラスの構造

SiO_4 四面体または AlO_4 四面体の頂点の酸化物イオンを共有しながら，ガラス網目構造を形成する。ソーダ石灰ガラスでは，ガラス網目構造の切れている部分や AlO_4 四面体（SiO_4 四面体よりも負電荷が多い）のある部分の電荷を補償するために，ガラス修飾成分の Na^+ イオンまたは Ca^{2+} イオンが網目構造内に入る。

(2) ガラス

ガラスとは，加熱によってガラス転移現象（T_g）を示す非晶質固体であり，このような固体状態をガラス状態という（図4-3）。ガラスは結晶と同程度の剛性をもち，その粘性はきわめて高い。

ガラスの歴史は，紀元前5000年ごろにはすでにメソポタミアで使われていたという起源をもち，その後，古代エジプトではさかんにガラス製造が行われていたという記述がアッシリアの石版図書館には残っている。紀元前1世紀にはフェニキアで吹きガラスの技法が発明され，花びんなどの形状のガラスが製造されていた。このような古代の精巧なガラス製造技術をローマが治めていたことからローマンガラスと総称されている。その後，3〜7世紀サザン朝ペルシャではカットガラスの技法が開発された。15世紀には欧州各地でステンドグラスが製造されるようになった。このようなガラス製造の技術が世界中に広範囲に伝わっていき，現在の板ガラス，ビンガラス，食器用ガラスに受け継がれている。

ガラスは，主成分（網目形成酸化物）となるケイ石と副成分（網目修飾酸化物）の種々の酸化物鉱物を混合し，高温で溶融して液体状態にし，それを急冷して製造する（図4-4）。副成分の種類によってガラスの種類は決まり，板ガラス，ビンガラスやガラス食器などのソーダ石灰ガラスには主成分のケイ石（SiO_2）ほかにソーダ灰（Na_2O），炭酸カリ（K_2O），石灰石（CaO），アルミナ（Al_2O_3）の副成分が配合されている。また，調理器具や理化学用ガラスなどに用いられているホウケイ酸塩ガラスには，ホウ砂（B_2O_3），Na_2O，Al_2O_3の副成分が配合され，クリスタルガラスや光学ガラスなどに用いられている鉛ガラスには酸化鉛（PbO），Na_2O, K_2Oの副成分が配合されている（表4-3）。

(3) 耐火物

耐火物とは，製鉄，窯業，セメント，化学プラント，ゴミ処理施設などで使用される炉の内張に使われ，1,600℃以上の高温に耐えられるセラミックスで，耐火れんが，耐火断熱材，不定形耐火物などがある（図4-5）。このような耐火物の原料には，耐火性の高いマグネシア（MgO），カルシア（CaO），アルミナ（Al_2O_3），ジルコニア（ZrO_2），シリカ（SiO_2），マグネシアスピネル（$MgO \cdot Al_2O_3$），カーボン（C）などが使用されている（表4-4）。耐火物のうち，定形耐火れんがの製造工程は一般的なセラミックスの製造と同様で，原料調製，成形，乾燥，焼成，製品である。耐火れんがを性質により分類すると，粘土質れんがやシャモットれんがなどの酸性耐火れんが，高アルミナ質れんがやスピネルれんがなどの中性耐火れんが，マグネシアれんがやマグネシア・カーボンれんがなどの塩基性耐火れんがに分けられる。また，耐火れんがは高温強度だけでなく，炉内の雰囲気や耐火物と接しているものとの反応性，たとえばスラグとの反応性についても十分考慮して使用しなければならない。一般的には酸性スラグには酸性の耐火れんがを使用し，塩基性スラグには塩基性耐火物を使用する。不定形耐火物は耐火骨材にアルミナセメントを混合したもので，施工工事の現場で水と混ぜて，吹きつけ作業などによって施工される。ゴミ処理施設などでの使用が多い。

表 4-3 主要なケイ酸塩ガラスの種類と用途

	ソーダ石灰ガラス	アルミノケイ酸塩ガラス	ホウケイ酸塩ガラス	鉛ガラス
成分	SiO_2, (Na_2O+K_2O), CaO, MgO, Al_2O_3	SiO_2, Al_2O_3, B_2O_3, $(MgO+CaO+BaO)$	SiO_2, B_2O_3, Na_2O, Al_2O_3	SiO_2, PbO, Na_2O, K_2O
特長	軟化温度：低 化学的耐久性 原料安価	軟化温度：高 化学的耐久性 機械的強度	軟化温度：高 化学的耐久性 熱膨張率：低	屈折率：高 加工性 X線不透過
用途	板ガラス,ビンガラス,ガラス食器・容器,電球	強化用ガラス繊維,ディスプレイ用基板ガラス	光学ガラス,調理器具,理化学用ガラス,化学工場プラント,医療容器,電子管用ガラス	クリスタルガラス,光学ガラス,封着ガラス,X線遮蔽ガラス窓

図 4-5 主要な耐火物の外観（写真提供：美濃窯業(株)）

表 4-4 主要なれんがの種類と用途

性質	れんが	成分	用途
酸性	ジルコン質れんが	$ZrO_2 \cdot SiO_2$	ガラス溶解炉
	シリカ質れんが	SiO_2	石灰焼成炉, セメント焼成炉
	シャモット（粘土）質れんが	$SiO_2 \cdot Al_2O_3$	石灰焼成炉, セメント焼成炉
中性	アルミナ質れんが	$Al_2O_3 \cdot SiO_2$	石灰焼成炉, セメント焼成炉
	ムライト質れんが	$Al_2O_3 \cdot SiO_2$	廃棄物焼成炉
	高アルミナれんが	Al_2O_3	石灰焼成炉, セメント焼成炉
塩基性	マグネシアスピネルれんが	$MgO \cdot Al_2O_3$	石灰焼成炉, セメント焼成炉
	マグネシアれんが	MgO	セメント焼成炉, ガラス溶解炉
	マグネシアカーボンれんが	$MgO \cdot C$	溶鉱炉（高炉）

（4） セメント・コンクリート

われわれの周りにはビル，道路，橋，港湾などのコンクリート構造物をみることができる。このコンクリートは，セメントに砂，砂利を混ぜて水と反応させて固化したものであり，セラミックス中では珍しく焼成工程のないセラミックスである。巨大な構造物がコンクリートでできている理由は，セメントなどのコンクリート原料が安価で，コンクリート構造物の成形が容易で，硬化後の機械的強度が高く，耐久性や耐火性もあること，などがあげられる。

セメントの歴史は古く，エジプトのピラミッド建設のための石材接着に使われていた。このときのセメントは石灰石と石膏の混合物であったが，後に天然の火山灰なども用いられるようになった。セメントが人工的に合成されたのは 1824 年にイギリス人のアスプジンによるものとされている。これは粘土と石灰石との混合物を高温で焼いて，水硬性のセメントをえたものである。この硬化体の風合いがポルトランド島でとれる石灰石に似ていたためにポルトランドセメントと命名された。

ポルトランドセメントは，石灰石（$CaCO_3$），ケイ石（SiO_2），粘土（$SiO_2 \cdot Al_2O_3$），酸化鉄原料（Fe_2O_3）を粉砕混合し，回転焼成窯（ロータリーキルン）中で約 1,500℃ の高温で焼成すると，クリンカーと呼ばれる球状焼成物がえられる（表 4-5，図 4-6）。このクリンカーを急冷した後にセッコウを混ぜて粉砕したものがセメントである。クリンカーの構成鉱物にはケイ酸三カルシウム（エーライト；$3CaO \cdot SiO_2$），ケイ酸二カルシウム（ビーライト；$2CaO \cdot SiO_2$），アルミン酸三カルシウム（$3CaO \cdot Al_2O_3$），鉄アルミン酸四カルシウム（$4CaO \cdot Al_2O_3 \cdot Fe_2O_3$）である。ポルトランドセメントに水を加えると，セメント構成鉱物と水とが反応しておもに水酸化物（$Ca(OH)_2$）やケイ酸カルシウム水和物（$CaO-SiO_2-H_2O$ 系水和物）などを生成し，固体体積を増加させて固まる（図 4-7）。

ポルトランドセメントのほかに，クリンカー構成成分を変えると（表 4-6）早強セメントや中庸熱セメントになり，さらに添加物を加えた高炉セメントやフライアッシュセメントなどがある。近年のセメント産業は，その原料に汚泥焼却灰やゴミ焼却灰などの産業廃棄物を用いたり，燃料に古タイヤや木材廃材などを用いたりして環境（資源リサイクルなど）を意識した産業になっている。

表 4-5 セメントクリンカー製造の原料配合と化学組成鉱物配合

セメントクリンカーを製造するための原料配合／セメント製造 1 トンあたり			
石灰石（$CaCO_3$）	粘土（$SiO_2-Al_2O_3-H_2O$ 系化合物）	ケイ石（SiO_2）	鉄さい（Fe_2O_3）
1,206 kg	149 kg	164 kg	33 kg
ポルトランドセメントの化学組成／mass%					
CaO	SiO_2	Al_2O_3	Fe_2O_3	$CaSO_4$（焼成後添加）	その他
64	22	5	3	4	2

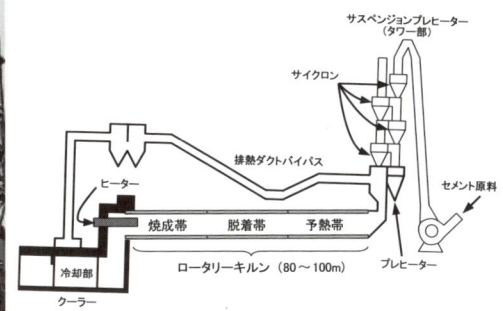

図 4-6 セメントの製造装置(ロータリーキルン焼成装置)(提供:太平洋セメント(株))

セメント鉱物／特長
$3CaO \cdot SiO_2$(C_3S) 強度発現:大・早,水和熱:大
$2CaO \cdot SiO_2$(C_2S) 強度発現:大・遅,水和熱:小
$3CaO \cdot Al_2O_3$(C_3A) 強度発現:小,水和反応:大
$4CaO \cdot Al_2O_3 \cdot Fe_2O_3$($C_4AF$) 強度発現:小,水和熱:大
$CaSO_4 \cdot 2H_2O$(セッコウ) C_3A の反応性の抑制

→ 水和硬化

セメント水和反応
1) C_3S,C_2S,C_3A および C_4AF は水と反応すると C–S–H 系ゲルの生成が起こる。とくに C_3S と C_3A の反応性が大。(凝結のはじまり)
2) C_3S はその周りに形成した水和物で反応性が低下。C_3A は反応性が高いためにセメントをすぐに凝結してしまうことから,セッコウを添加して $3CaO \cdot Al_2O_3 \cdot 3CaSO_4 \cdot 32H_2O$(エトリンガイト)を生成させ,水との接触を抑制する。(凝結性の調整)
3) エトリンガイトと C_3A および C_4AF とが反応し $3CaO \cdot (Al-Fe)_2O_3 \cdot CaSO_4 \cdot 12H_2O$(モノサルフェート)を生成し,さらに水和反応の進行にともないによる C–S–H 系水和物および $Ca(OH)_2$ を生成する。(結晶成長によって空隙を埋め,強度発現の増大→硬化)

図 4-7 セメント化合物の水和反応

表 4-6 各種セメントのセメント鉱物配合 (mass %)

	C_3S	C_2S	C_3A	C_4AF	$CaSO_4 \cdot 2H_2O$
ポルトランドセメント	52	23	9	10	3
早強セメント	63	13	8	9	5
中庸熱セメント	46	33	4	12	3
耐硫酸性セメント	53	28	2	12	3
低熱セメント	24	56	3	9	4
白色セメント	63	15	12	1	4

4.3　先進セラミックス

前項で述べた陶磁器，ガラス，耐火物，セメントなどの伝統的セラミックスは，その原料に天然原料のケイ酸塩類（粘土系原料）を利用したものであるが，20世紀後半から科学技術の進歩にともない優れた新しいセラミック製造プロセスが開発された。これには，① 高純度の人工合成原料が入手できるようになったことと，② 焼成温度の制御や，③ セラミックの組成や微構造の制御，寸法・形状の制御などが精密に行えるようになったことで，これまでのセラミックスにはない新しい機能や特性（熱的，機械的，電磁気的，光学的，生物学的機能，環境適合的機能）をもったセラミックスがえられるようになった。このようなに高度に精密制御されたセラミックスを先進セラミックスと呼ぶ（表4-7）。

熱的機能をもった先進セラミックスは，原子炉材用セラミックスやスペースシャトルの断熱タイルに代表されるように，高温を保持したり，高温から人間や機器などを保護するために使用される。このほかに熱交換器，自動車用排ガス触媒用担体などもある。

機械的機能は，排気制御弁やターボローターなどのエンジン部品，ガスタービンエンジン部品，セラミック製切削工具などの製品に用いられている。これらは，耐熱性・寸法精度の他に耐摩耗性などの性質も求められる。

電気・電子・磁気的機能はさまざまな特徴をもち，これらはエレクトロニクスセラミックスとして小型化や高性能化するために情報機器や情報家電に多数利用されている。主なものとして回路基板（絶縁性），コンデンサ・キャパシター（誘電性），表面弾性波フィルター・振動子（圧電性），赤外線センサ（焦電性），不揮発メモリー（強誘電性），サーミスタ・セラミックヒーター（半導性），透明導電膜（導電性），超伝導セラミックス（超伝導性），2次電池材料（イオン導電性），コア材料・磁気記録材料・永久磁石（フェリ磁性・強磁性）などがある。

光学的機能には，レンズやプリズムの精密光学材料の他に，光通信技術としては光ファイバーや光導波路型デバイス，薄型テレビには大型ガラス基板，蛍光体，無機EL材料，発光ダイオード（LED）があり，医療分野には半導体レーザー，ガラスファイバースコープなどがある。

生物学的機能は近年注目されているセラミックスの機能で，生体組織との生体適合性をもつセラミックスが医療分野で役立っている。たとえば，これらには人工骨，人工歯根，セラミックス歯冠，人工関節の骨頭部，骨ペースト，高速液体クロマトグラフィー用カラム充填剤などがある。

環境適合（環境対応）的機能も近年注目されているセラミックスの機能である。環境に対して無害な元素で構成されているもの，有害な元素やイオンを除去する機能，太陽電池および熱電セラミックスのようにエネルギー変換して発電するセラミックス，燃料電池および各種2次電池などがあげられるが，このほかにも多岐にわたる。

表 4-7　先進セラミックスの主な機能と応用例

	酸化物セラミックス			非酸化物セラミックス		
	機　能	材　料	応　用	機　能	材　料	応　用
電気・電子的機能	絶縁性	Al_2O_3, BeO	IC 基板	絶縁性	ダイヤモンド, AlN	IC 基板
	誘電性	$BaTiO_3$, TiO_2	キャパシタ	導電性	SiC, $MoSi_2$	発熱体
	圧電性	$Pb(ZrTi)O_3$, SiO_2	着火素子, 発振子, 表面弾性波	半導性	SiC	バリスタ
				電子放射性	LaB_6	電子銃用熱陰極
	磁性	$Zn_{1-x}Mn_xFe_2O_4$	記憶・演算素子			
	半導性	SnO_2	ガスセンサ			
		ZnO–Bi_2O_3	バリスタ			
		$BaTiO_3$	温度抵抗素子			
	イオン導電性	β–Al_2O_3	NaS 電池			
		安定化 ZrO_2	酸素センサ			
		Li–Ni 化合物	リチウム二次電池			
	電子伝導性	ITO	タッチパネル			
	超伝導性	YBCO	超伝導体			
機械的機能	耐摩耗性, 切削性	Al_2O_3, ZrO_2(SZ, PSZ)	研磨材, 砥石, 切削工具	耐摩耗性, 切削性	B_4C, ダイヤモンド, c–BN	研磨材, 砥石, 切削工具, エンジン部品
				強度機能	SiC, サイアロン, Si_3N_4, h–BN, 黒鉛	
				潤滑機能		耐熱潤滑剤
光学的機能	蛍光性	Y_2O_3	蛍光体	透光性	AlN	窓材
	透光性	Al_2O_3	Na ランプ管	光反射性	TiN	集光材
	偏光性	PLZT	光学偏光素子	蛍光性	各種酸窒化物	LED 用蛍光体
	導光性	SiO_2, 多成分系ガラス	光通信ケーブル, ファイバースコープ			
生物学的機能	歯骨材	Al_2O_3, PSZ	人工歯根, 人工関節	耐食性	c–BN, ダイヤモンド, サイアロン	ポンプ材, 各種耐食材
		$Ca_{10}(PO_4)_6(OH)_2$	人工骨, 歯磨材			
		バイオガラス	人工骨			
環境適合機能	ハニカム担体	コーディエライト	排ガス浄化装置	原子炉材	UC	核燃料
	光触媒性	TiO_2	自己浄化, 抗菌材		黒鉛, SiC	被覆材
	吸着性	ゼオライト	イオン交換体		黒鉛	減速材
	光起電力	a–Si, 多結晶–Si	太陽電池			

4.4 セラミックスの状態

セラミックスは「無機質・非金属・固体・材料」である。しかし，このセラミックスには1種類の化合物できている単一体と，いくつかの化合物が組み合わされた複合体がある（図4-9）。

単一体は，アルミナ（$\alpha\text{-}Al_2O_3$）焼結体のような結晶性多結晶体，ダイヤモンドのような単結晶体，ガラスのような非晶質固体の3つに大別される（図4-10）。これはとくにセラミックスの原子の配列状態や微構造に由来するもので，その性質に大きく影響する。

(1) セラミックスの原子の配列状態

セラミックスの原子の配列状態によって，結晶質固体と非晶質固体とに分けられる。結晶質固体は原子が3次元的に規則正しく一定の周期で配列している固体である。結晶質固体の場合，原子の並び方などによって応力のかかる方向や導電性を示す方向にある特定な方向性をもつことから，そのセラミックスの特性が結晶の方位によって異なる場合がある。一方，非晶質固体を詳細に分類すると，ガラス（ガラス転移点 T_g をもつ固体）に代表されるようにある原子の周りだけは，ある程度の秩序をもって配列している（短距離秩序）が，広い範囲では原子の配列に周期性や規則性（長距離秩序）がないものと，アモルファスシリコン（ガラス転移点 T_g をもたない固体）に代表されるように短距離秩序も長距離秩序もない固体とがある。一般に非晶質固体の場合，原子の並び方に規則性や秩序がないことから，応力は均一にかかり，そのセラミックスの特性は均一となる。

(2) セラミックスの微構造

セラミックスの微構造によって，単結晶体と多結晶体とに分けられる。単結晶体は，エメラルド，サファイアやルビーなどの宝石，シリコンウェハーや水晶などに代表されるように，材料全体の構成原子の配列が規則正しく配列している固体である。単結晶体は材料全体が1つの結晶でできているため，その原子の並びによってその特性が結晶の方位により顕著に現れる（異方性）。一方，多結晶体は，細かい単結晶粒子の集合体で，それぞれの粒子の方向性は無関係に存在している状態の固体である。一般に製造プロセスにおいて成形・焼結工程を経たセラミックスは多結晶体である。これには，粒子と粒子との間に構造が不連続となった粒界が必ず存在する。多結晶体のセラミックスの特性は，それを構成する粒子の大きさや分布，粒界の状態，内部に存在する気孔などに大きく影響される。

(3) セラミックスの複合体

一般的に複合体とは，母相（マトリックス）に対して異なる相が1つ以上含むものを指す。たとえば，セラミック／金属複合材などがあるが，同じ材料でも成分や形状が異なるものを複合させた炭素繊維強化炭素のようにセラミック／セラミック複合材もある。最近では，図4-10に示すナノ複合材料の研究がさかんで，混合する分散相の形態と配列を変えることで複合体の機能制御ができる特徴をもつ新材料である。

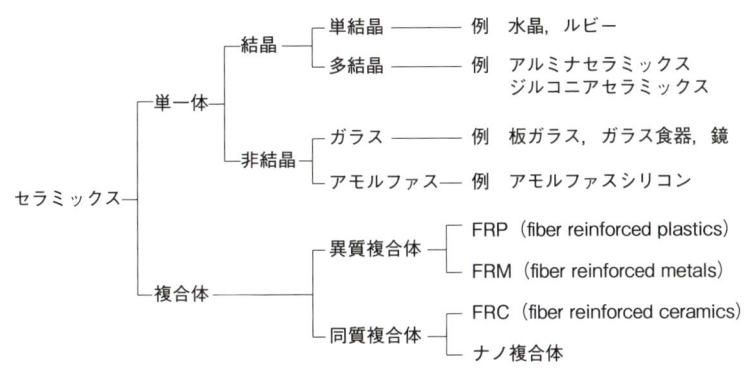

図 4-8　セラミックスの分類

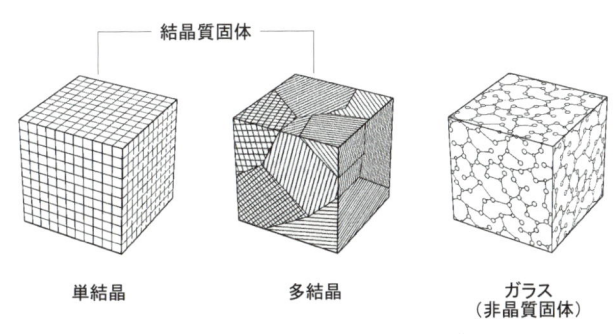

図 4-9　セラミックスの構造の模式図

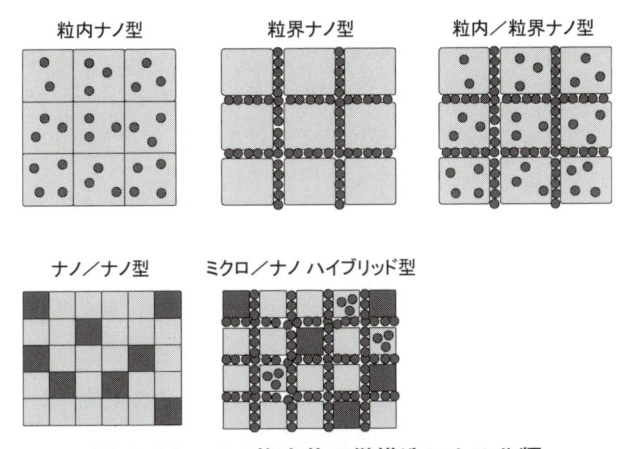

図 4-10　ナノ複合体の微構造による分類

粒子内または粒界にナノオーダー粒子を複合化させることにより，今までにないセラミックスの特性を向上させることができる．粒子内にナノオーダー粒子を複合化させることにより，クラックの進展を阻害し機械的強度が向上したり，粒界にナノオーダー粒子を複合化させることにより，電気・電子機能特性が向上する．今後，ナノ複合体はさらに研究開発されていく分野である．

4.5 先進セラミックスの特徴
(1) 機械的性質

固体に応力（力-面積）を加えるとフックの法則　　σ（応力）$= E$（弾性率）$\times \varepsilon$（歪み）にしたがって変形する。それには等方的な固体には独立した2つの弾性定数をもっている。1つは，棒に引張り応力を加えると力と平行な方向には伸び，その応力を歪み（伸び-長さ）で割った値が弾性率（ヤング率 E）である。弾性係数は曲げ試験や引張り試験を行って歪みを実際に測定する。一方，棒に引張り応力を加えると，それに対して垂直に縮むひずみの割合，ポアソン比 ν がある。セラミックスの場合，E は非常に高く 100～400 GPa，ポアソン比 ν は 0.2 程度である（表4-8）。

材料の理論的な強さはそれを構成する原子どうしを切り離す力で，弾性率の 1/10 程度である。しかし，実際の強さはそれよりも 1/100 ほど小さく，高強度なセラミックスでも 400～800 MPa 程度の値である。セラミックスの強さが理想の値より小さいのは材料の内部および表面に欠陥を含み，そこに応力が集中するためで，内部欠陥や表面欠陥が多いほど弱くなる。

セラミックスにはほとんどの場合に多くの欠陥が存在し，その先端に応力が集中して破壊の原因となる。そのため金属材料の機械的性質とは異なる点が多い。その大きさは応力拡大係数 K で表される。応力と亀裂が小さく，また，K が小さいときは亀裂の進展は非常に緩慢であるが，K がある値になると亀裂は急速に進展して破壊する。この値が臨界応力拡大係数または破壊靱性値 K_C であり，ねばり強さを表す。セラミックスの引張り（モードI）の K_{IC} は 2～10 MPa·m$^{1/2}$ 程度である（表4-9）。

(2) 熱的特性

材料における熱の吸収・放出特性に関する物性（状態量）として比熱容量と熱膨張率，また熱の輸送・遮断に関する物性として熱伝導率があげられる。

熱量 m の物質が熱量 Q を吸収し温度が ΔT だけ上昇したとき，$Q/(m \cdot \Delta T)$ を比熱容量（比熱）c，m がモル数の場合にはモル熱容量（モル比熱）C という。さらに体積一定化の定積モル熱容量 C と圧力一定下の定圧モル熱容量 C_p とに区別され，次の関係がある。

$C_p - C_v = \Delta TV\beta / Kt$（$T$：絶対温度，$V$：モル体積，$\beta$：熱膨張係数，$K_T$：等温圧縮率）

結晶の結合力を示す原子間ポテンシャルが非対称になると，温度が上昇するにつれて熱膨張が起こる（表4-10）。ダイヤモンドや SiC などの共有結合結晶は結合力が強く，熱膨張率も小さい。一方，イオン結晶では原子間ポテンシャルの非対称性が大きいために，また金属では結合が弱いために，それぞれ熱膨張率が大きくなる。しかし，イオン結合の場合でも，極端に小さい，あるいは負の熱膨張を示すものがある。たとえば，石英ガラスではガラスのネットワークを形成する構造単位の SiO_4 四面体がネットワークの隙間を埋めるように変位するために低い熱膨張を示す。コーディエライトは結晶軸によって正または負の熱膨張係数をもつ。また，焼結体では膨張と収縮の変化がバランスされて低い熱膨張を示すものもある。

表 4-8　各種セラミックスのヤング率

セラミックス	ヤング率（GPa）
アルミナ	390
窒化ケイ素	230
炭化ケイ素	450
ジルコニア	200
ムライト	150
ソーダ石灰ガラス	70
ダイヤモンド	1,000

表 4-9　代表的なセラミックスの力学的強度と破壊じん性

セラミックス	強度（MPa）	破壊じん性 K_{IC}（MPa・m$^{1/2}$）
アルミナ	300〜400	2.7〜4.2
マグネシア	300	3
コーディエライト	200	2
炭化ケイ素	500	3〜4
窒化ケイ素	600〜800	5〜6
サイアロン	830〜980	5〜6.8

表 4-10　各種セラミック材料の線熱膨張係数

材料	線熱膨張係数（×10^{-7}／K）
アルミナ	86
マグネシア	135
ジルコニア	100
ソーダ石灰ガラス	90
炭化ケイ素	40
炭化チタン	74
石英ガラス	5.5
コーディエライト	5.7
窒化アルミニウム（AlN）	3.9

熱伝導率 K は熱伝導方程式にしたがい，$K = C\alpha\rho$（α：熱拡散率，ρ：密度）の関係がある（表4-11）。その測定は熱拡散率から熱伝導率を求める。固体の熱伝導率は以下に述べるような種々の要因により，0.01～300 W/mK の範囲の値を示す。固体の中で熱を運ぶキャリアの種類には主にフォノン伝導，電子伝導，フォトン伝導がある。金属ではキャリアは電子伝導であるが，多くのセラミックスは絶縁性なので，フォノン伝導による格子熱伝導が支配的である。一般に熱伝導は，化学結合が強い，原子の充てん密度が高い，結晶の対称性が高い，軽元素から構成される，固体ほど高い熱伝導率を示す。セラミックスの中で最も高い熱伝導率を示すものはダイヤモンドである。

(3) 電気特性

セラミックスの中で，電気を通すものと通さないものがある（表4-12）。通さないものを絶縁体と呼ぶが，これを電場の中に入れると，正負の電荷が逆の電荷に引き寄せられて，正負の電荷の重心にずれができ，絶縁体の両側に正と負の電荷が誘起された状態となる。そのため，絶縁体は誘電体とも呼ばれている。絶縁体を分類すると，常誘電体，強誘電体，圧電体，焦電体となる（図4-11）。外部電圧を取り除くと，普通の誘電体では元の状態に戻る。これを常誘電体という。一方，外部電圧を取り除いても物質固有の分極（残留分極）が残るものを強誘電体という。圧電体は結晶に力を加えると電圧を生じるものであり，また焦電体とは結晶に熱を加えると電圧を生ずるものである。たとえば，強誘電体であれば，圧電性も焦電性も兼ね備わっている。このように分極を電圧によって自由に制御できる便利さから，誘電体はいろいろな方面に使われている。たとえば，分極が整列し，電荷をため込む性質はコンデンサとして利用され，電気製品に大量に使われている。

多くのセンサがセラミックスからできている。数メートルほど離れた人間から放射される微弱な赤外線を感じることができるセラミックスもできているが，これは焦電体としての性質を利用したセンサである。強誘電体に直流電圧をかけると分極が起こり，一方の表面に正の電荷が他方に負の電荷が現れる。ここで外部電圧を取り去っても表面の電荷は消えない。この表面の電荷量を残留分極と呼んでいる。これに赤外線のパルスを当てると，熱膨張または収縮によって分極が変化し，その結果として表面の電荷が変わる。2つの電極間に外部抵抗（R）をつないでおくと，相手をなくした浮遊電荷が R を伝わって流れることになる。これを焦電流といい，その電圧を検知して赤外線センサが働く。

結晶に応力（圧力または張力）をかけたとき，電圧が発生したり，また逆に電圧をかけると，歪み（伸び，または縮み）が発生する現象を，圧電効果と呼んでいる。前者を圧電正効果，後者を圧電逆効果という。圧電効果を示す圧電性セラミックスもまた，電子材料として多方面に使われている。たとえば超音波発振子，着火素子，マイクロフォン，圧電トランスなどである（表4-13）。外部電圧によって分極した表面は，正電荷と負電荷とに分かれている。これに上下方向から，表面に垂直に圧力をかけると分極が変化し，表面層の電荷の一部が消える。2つの電極間に外部抵抗（R）をつないでおくと，相手をなくした浮遊電荷が，R を伝わって流れる。

表4-11 各種セラミック材料の熱伝導率

材　　料	熱伝導率（W/(m・K)）	
	100℃	1,000℃
アルミナ	20〜40	6
マグネシア	38	7
ムライト	6	4
安定化ジルコニア	2	2
石英ガラス	2	3
黒鉛	180	63
窒化アルミニウム（AlN）	70〜270	—
サイアロン	15	—
TiCサーメット	33	8
ダイヤモンド	2,000	—

表4-12 各種材料の導電率（室温）

	材料	σ(S/m)		材料	σ(S/m)
金属	銅	6×10^7	半導体	シリコン（ケイ素）	$10^{-4}\sim10^5$
	鉄	1×10^7		炭化ケイ素	3
	白金	1×10^7		ゲルマニウム	1×10^4
絶縁体	アルミナ	$<10^{-12}$		酸化鉄（Ⅲ）	$10^1\sim10^5$
	ステアタイト磁器	$<10^{-12}$		酸化スズ（Ⅳ）	$10^{-2}\sim10^5$
	石英ガラス	$<10^{-12}$		酸化亜鉛	$10^{-5}\sim10^2$

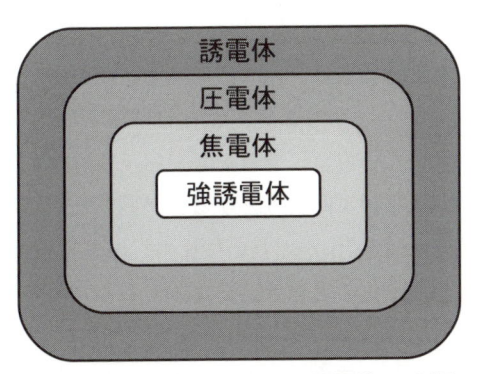

図4-11 セラミックスの絶縁体の分類

(4) 電子伝導, イオン伝導

セラミックスの電子伝導は，エネルギーバンドに基づいて考えることができる。セラミックスに電極を付与して電界をかけエネルギーを付与すると，電子のもつエネルギーは増加する。しかし，価電子帯の中では電子がエネルギーを受け取っても，占有しているエネルギー準位に空きがないために，別の状態に移ることができない。エネルギーギャップが大きいと，外部から熱や光などのエネルギーを受け取っても，伝導帯へは電子を持ち上げることができず，電気伝導に寄与することができる電子はなく，電界をかけても電気伝導性を示すことはない。したがって，この物質は電気的には絶縁体である（第2章参照）。

一方，エネルギーギャップが小さいと，容易に外部からエネルギーを受け取り，価電子帯から伝導体へ電子を持ち上げることができる。伝導体へ上がった電子は，電界から受け取ったエネルギーにより移動して，電荷を運び電気伝導に寄与する。このような物質は金属ほど電気伝導度が大きくはないが，絶縁体よりも大きな電気伝導度を示すので，半導体と呼ばれる。この例には，ZnO, Fe_2O_3 および TiO_2 などがある。このとき，伝導帯に持ち上げられた電子と，価電子帯で電子が抜けたホール（正孔）とは同数となる。電子の方が動きやすい場合，負電荷をもつ電子が電流を担うので n (negative) 型半導体という。価電子帯のホールが動きやすい場合，正の電荷をもつホールが電流を担うので p (positive) 型半導体という。さらに価電子帯と伝導帯が重なっているか，初めから許容帯が一部占有されている場合，電子は小さなエネルギーにより移動することができる（図4-12）。

セラミックスはイオン結合性の強い化合物が多いので，外部より電界を加えるとイオンが移動する可能性がある。まず，原子配列に内因的に（純粋な結晶自体に原子間の隙間が多い）イオンが占有していない位置が多く存在し，移動可能なイオンがその位置を経由して移動できることである。つぎに，結晶中でイオンが占有可能な位置が，イオンの数に比較して過剰にあり，それらの位置エネルギー間に大きな差がないことである。さらに添加物の固溶などにより格子欠陥を外因的に導入し，純粋な物質と比較して移動可能なイオンの格子欠陥濃度を高くした場合である。

(5) 磁気特性

電子が永久磁気双極子をもつ物質は，永久磁気双極子間の磁気的相互作用の状態によって，おもに4種類に分類される。すなわち，お互いの磁気的相互作用がきわめて小さく外部から磁界が加えられていない場合，それぞれが勝手な方向を向いている「常磁性」と，隣り合う双極子間にたがいに平行に向こうとする力が働いてすべての磁化の向きが同一方向を向く「強磁性」，隣り合った磁化がお互いに反平行の方向を向く「反強磁性」，反強磁性と同じ磁化配列であるが，磁化の大きさが異なっているためにその差に相当する磁化をもつ「フェリ磁性」と呼ばれるものの4種類である。これらの磁性材料の中で，永久磁石，磁気記録，変圧器などとして広く利用されてきた材料は，強磁性体とフェリ磁性体である（表4-14）。

表4-13 圧電セラミックスの応用例

圧電効果の利用形態	応用例
① 機械系から電気系への変換 （圧電正効果の利用）	点火素子，加速度センサ，ノッキングセンサ，圧力センサなど
② 電気系から機械系への変換 （圧電逆効果の利用）	VTRヘッド制御などの微小変位素子，CCDカメラ用スイング，超音波モーター，魚群探知機，洗浄機，加工機，溶接，加湿器，超音波センサ，ブザー，スピーカーなど
③ 電気系から機械系を経て再び電気系への変換	発振子，各種フィルターなど

図4-12 セラミックスのバンド構造（不純物半導体）

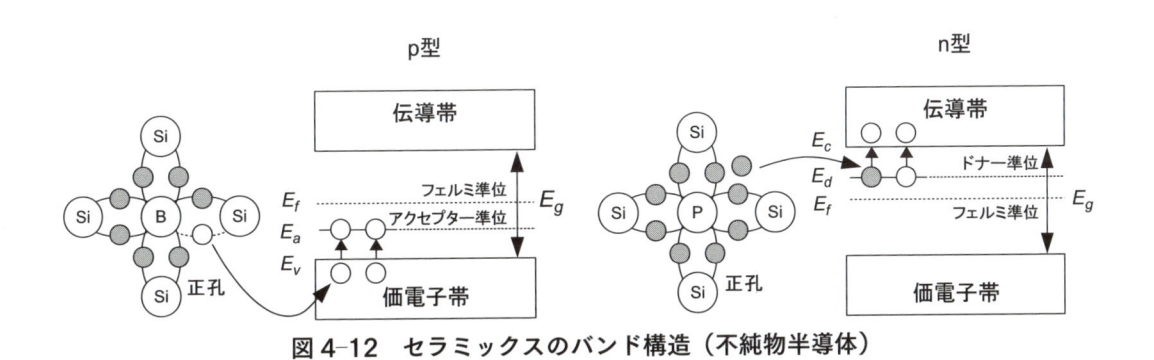

表4-14 セラミック磁性体の磁気的用途と磁性の特徴

磁性の特徴	代表的セラミック磁性体	磁気的用途
軟質磁性体 （小さな磁界で大きな磁束密度が得られる）	マンガン-亜鉛系フェライト，ニッケル-亜鉛系フェライト	コア材料：コイルやトランスなどの鉄心（コア），高周波用インダクター，アンテナ，スイッチングレギュレーターなど
硬質磁性体 （強い磁界を与えていったん磁化すると磁界を取り去っても強い磁化が残る）	バリウムフェライト，ストロンチウムフェライト	永久磁石材料：プリンター，ファックス，AV機器用小型モーター，冷蔵庫ドアの磁石付きパッキングなど
半硬質磁性体 （軟質磁性体と硬質磁性体との中間的な性質）	ヘマタイト（γ-Fe_2O_3）	磁気記録材料：磁気テープ，磁気ディスク，磁気カードなど

材料の代表的な応力-ひずみ線図

金属材料，高分子材料，そしてセラミックス材料の機械的強度や破壊挙動は大きく異なる。これは，各種材料の化学結合（金属材料：金属結合，高分子材料：おもに共有結合，セラミックス材料：おもにイオン結合）に主に起因するが，同じ材料でも組織構造や製造方法によっても異なる。下図にそれぞれの材料の代表的な応力―ひずみ線図を示した。

応力は外力に対し単位断面積あたりの内力（変形に抵抗する力）の大きさであり，ひずみは外力が作用したときの材料の変形量で，変形前の材料の長さに対する変形量の割合をいう。図に示したように，材料に荷重をかけていくと，材料は変形して比例的に変化する領域（フックの法則が成り立つ領域）が現れる。この領域では逆に荷重を取り除いていくと元の状態に戻る。このような変形を弾性変形といい，弾性領域の最大応力（σ_E）を比例限度という。また，この領域の線図の傾きを弾性係数といい，材料に対して応力が垂直な場合にヤング率という。図からわかるように，ヤング率をみるとセラミックス材料〉金属材料〉〉高分子材料の順に低くなることがわかる。弾性変形領域を超える荷重をくわえると，荷重を取り除いても元の状態に戻らないで残留ひずみを生じる塑性変形を起こす。金属材料と高分子材料は塑性領域をもつが，セラミックス材料は塑性変形を起こさない（すぐに結合が切れて破壊に至る）。セラミックス材料のようなヤング率が高く，塑性変形の小さな材料を脆性材料（硬くて脆い）といい，金属材料のようにヤング率があまり高くなく，塑性変形（ひずみ）の大きな材料を延性材料（易加工性）という。塑性変形領域では，わずかな応力でもひずみは大きくなり，これを降伏という。さらに応力を加えると最大応力（σ_{max}）を示し，これを破壊強さといい，曲げモードでは曲げ強さ，引っ張りモードでは引張強さという。その後，材料は破断（破断強さ）する。

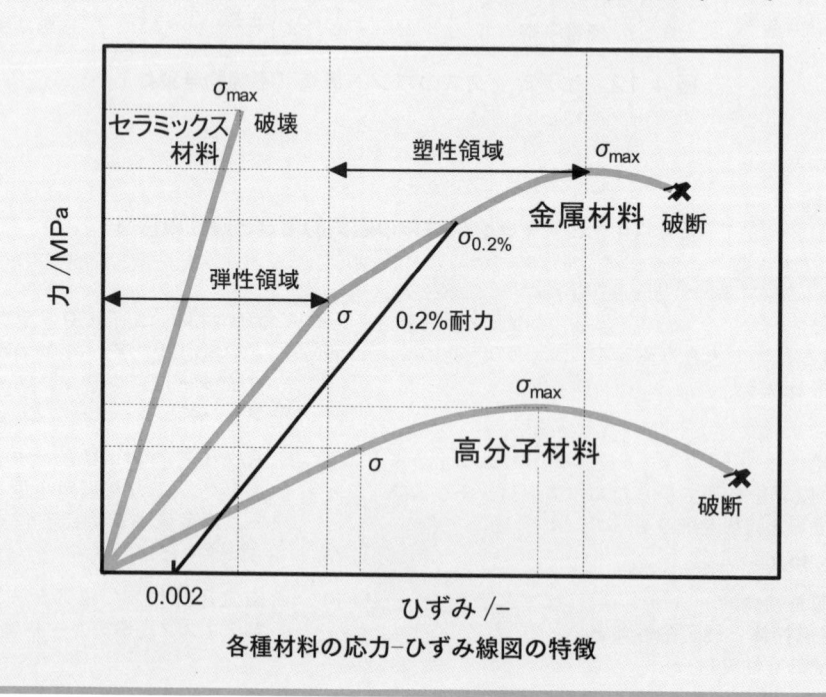

各種材料の応力-ひずみ線図の特徴

5

セラミックスの構造

明清御窯廠遺跡（中国江西省景徳鎮市重要文化財）
景徳鎮では明代，清代において陶磁器の生産が隆盛を極め，「清花」という白釉に青色のコバルト釉薬で染め付けた陶磁器が生産され，欧州やイスラム圏に東インド会社経由で輸出され，また宮廷にも献上された。写真は当時の窯跡である。

5.1 セラミックスの結晶構造

結晶性のセラミックスにおいて，原子やイオンの3次元的な規則配列のことを結晶構造という。結晶構造とセラミックスの物性には密接な関係があり，同じ組成でも結晶構造が異なるとその物性は大きく異なる。結晶構造には，その最小単位である単位格子（unit cell）をもち，その単位格子の3次元的な繰り返しで結晶が成り立っている。単位格子では3次元の3つの方向の長さを，a，b，cと表し，そのなす角度をα，β，γとそれぞれ表すこれらの値を格子定数（lattice constant）と呼ぶ。これらの格子定数を用いることで，すべてのセラミックスを7種の単位格子の外形に分類することができ，7晶系とよぶ。さらにこれに面心構造，体心構造，一面心構造を加えると14種のブラベー格子に分類される（第3章を参照）。

図5-1に示すように陽イオン1つの周りに陰イオンが4つある時，隣接した4つの陰イオンの中心にできる空間における陽イオンの隣接の仕方によって結晶構造の安定性が理解できる。すなわち，隣接した4つの陰イオンの中心にできる空間で陽イオンが密接に接触している場合には配位状態は安定で，一方，その空間の陽イオンが小さく，周りの陰イオンと接触していない場合には不安定となる。このようにイオン結合による安定な構造は，陽イオンと陰イオンとのイオン半径比によって決まる。陽イオンと陰イオンとのイオン半径比が小さい場合には小さな配位数を示し，イオン半径比が大きくなるにともない配位数は増加する。

① 3配位　　平面正三角形　　イオン半径比　0.125～0.225
② 4配位　　正四面体　　　　イオン半径比　0.225～0.414
③ 6配位　　正八面体　　　　イオン半径比　0.414～0.732
④ 8配位　　立方体　　　　　イオン半径比　0.732～1.000

このようにイオン結晶の場合，ある空間における小さい球体（陽イオン）と大きな球体（陰イオン）との規則的な充てんと考えることができる。そのため，それぞれ球体の大きさ（イオン半径）とイオン比率（イオンの電荷）によってさまざまな構造をとる。最も一般的なイオン結晶であるNaClの場合，陽イオンと陰イオンの価数は同じで1：1のイオン比率であり，陽イオンと陰イオンとのイオン半径比が6配位で安定することから，面心立方格子の岩塩型構造をとる。同様にβ-ZnSの場合，陽イオンと陰イオンの価数は同じで1：1のイオン比率であるが，陽イオンと陰イオンとのイオン半径比が4配位で安定することから，S^{2-}イオンは面心立方格子の位置に入り，Zn^{2+}イオンはS^{2-}イオンで構成された面心立方格子の4配位の位置に1つずつ入り，せん亜鉛鉱型構造をとる。さらにCaF_2の場合，陽イオンと陰イオンの価数は異なり1：2のイオン比率であり，陽イオンと陰イオンとのイオン半径比が4配位で安定することから，Ca^{2+}イオンは面心立方格子の位置に入り，F^-イオンはCa^{2+}イオンで構成された面心立方格子の4配位の位置にすべて入ると蛍石型構造をとる。

表5-1にセラミックスのおもな結晶構造と配位数を示した。

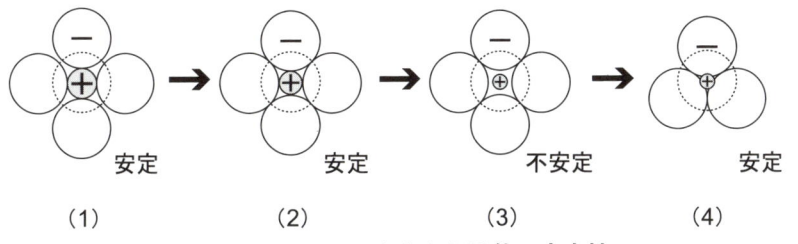

図5-1 イオンの大きさと配位の安定性

陽イオンの周りに4つの陰イオンがあり（図には示さないが上下に2つの陰イオンがあり6配位（正八面体）の状態），(1)および(2)に示すように陽イオンと陰イオンとが接していれば，結合としては安定であるが，(3)に示したように陽イオンが小さくなると不安定となる。そして，このように陽イオンが小さい場合には，配位状態を6配位から4配位（正四面体）に変わることで(4)に示したような安定な配位をとる。

表5-1 セラミックスのおもな結晶構造と配位数

A:(B):X	配位数	結晶構造	おもな化合物
1:1	3	グラファイト型	グラファイト, h-BN
	4	せん亜鉛鉱型	β-ZnS, β-SiC
		ウルツ鉱型	α-ZnS, α-SiC
	6	塩化ナトリウム型	NaCl, KCl, NiO
		ヒ化ニッケル型	NiAs, FeS
	8	塩化セシウム型	CsCl, CsBr
1:2	4	クリストバライト型	SiO_2
	6	ルチル型	TiO_2, VO_2, MnO_2
		ヨウ化カドミウム型	CdI_2, $Ca(OH)_2$, $Fe(OH)_2$
	8	蛍石型	CaF_2, ZrO_2, CeO_2
2:3	6	コランダム型	α-Al_2O_3, α-Fe_2O_3
1:2:4	A=4, B=6	スピネル型	$MgAl_2O_4$, $CoAl_2O_4$
1:1:3	A=12, B=6	ペロブスカイト型	$CaTiO_3$, $BaTiO_3$

配位数とイオン半径比との関係

陽イオンと陰イオンとの理想的なイオン半径比は簡単に計算できる。図には3配位を示したものであるが，たとえば，陽イオン半径rと陰イオン半径1Å（実際の酸化物イオンのイオン半径は1.35〜1.42Åである）とし，平面上で等しい陰イオン半径2Åの円で正三角形をつくり，この中心に接する円の陽イオン半径rとすると，三平方の定理から$(r+1):1=2:\sqrt{3}$ となり，$r=(2-\sqrt{3})/\sqrt{3}=0.155$ と求めることができる。同様な手法で4配位，6配位，8配位も計算できる。

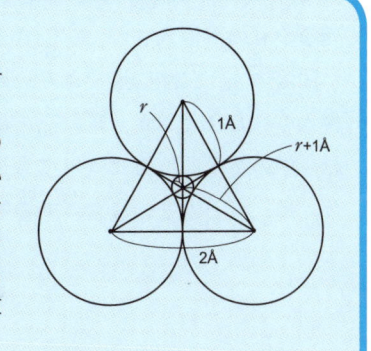

5.2 セラミックス結晶の不完全性と特性変化

すでに述べたように結晶は3次元的な規則配列をもつものであるが，このような完全結晶は，われわれが扱う温度条件下ではほとんど存在せず，さまざまな欠陥構造が結晶中に存在する。一方，このような欠陥を制御することで半導性やイオン導電性などのセラミックスの新しい特性を引きだすことができる。結晶構造中に存在する欠陥には，点欠陥（無次元欠陥），線欠陥（1次元欠陥），面欠陥（2次元欠陥）などがある。それぞれの欠陥について説明する。

点欠陥　結晶を構成している原子やイオンが本来あるべき格子点から，飛び出して空孔（□）をつくるショットキー欠陥と，格子間などの本来あるべき位置にはない位置に存在する原子またはイオンでつくるフレンケル欠陥とがある（図5-2）。ショットキー欠陥は，結晶内の電気的中性を保持するために，陽イオンと陰イオンとが同時に空格子点（空孔）をつくる。フレンケル欠陥は，陽イオンと陰イオンとのイオン半径比が大きな結晶や比較的大きな空間の存在する結晶にみられ，小さなイオンが格子間位置の準安定な位置に移動する現象である。このような欠陥は結晶中に必ず存在するが，化学組成は変化しないことから，定比性欠陥ともよばれている。また，これらを高温状態におくと原子やイオンは点欠陥を利用して容易に移動する。これには，後でも述べるが，イオンが空孔に移動していく空孔機構と，イオンが格子間の隙間を利用して移動していく格子間間隙機構とがあり，固体の拡散反応に大きく影響する。

線欠陥　刃状転位とらせん転位とがある（図5-3）。これらの転位はセラミックスの機械的性質に密接な関係をもつ。刃状転位では，結晶構造中に余分な原子面がくさび形に入り，外部応力によってこれが移動する。また，らせん転位はある原子面にすべりが起きてらせん状のゆがんだ格子となる。

面欠陥　結晶粒界と積層欠陥とがある（図5-4）。結晶粒界は結晶粒どうしの境界面であり，規則正しく配列した結晶粒と結晶粒との間には，原子間結合の切断された粒界層が存在する。結晶粒界には非晶質となっている場合や多数の刃状転位が存在する場合があり，粒界構造によってセラミックスの特性も変化する。積層欠陥は層状化合物で起こり，その積層の積み重なりが変化したり，一部異なる層が挿入されていたりする欠陥である。たとえば，六方最密充填では –A–B–A–B–A–B– と積層していくところ，一部，立方最密充填のものが挿入され –A–B(A–B–C)A–B–A–B– となる場合がある。

固溶体　欠陥構造ではないが，化合物の組成変化が可能な結晶相である。これには，導入されたイオンが，母結晶の構造中の同じ価数のイオンと位置を交換する置換型固溶と，結晶中の格子間位置に入っても母結晶に構造変化のない侵入型固溶とがある。固溶したイオンは，ほとんどの場合，ある特定な格子点に位置せずにランダムな格子点に位置する。

空孔

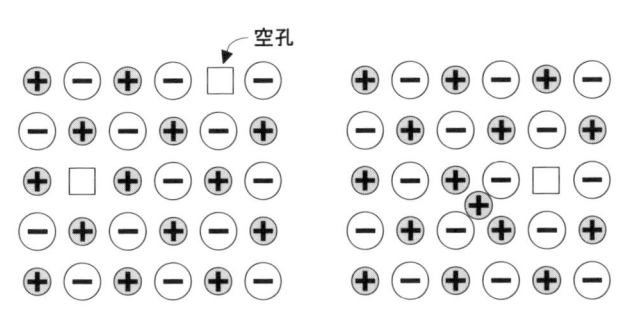

ショットキー欠陥　　　　　　　　　フレンケル欠陥

図 5-2　セラミックス中の点欠陥

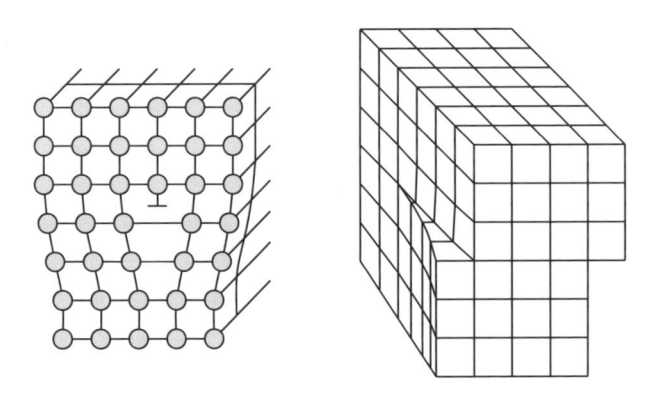

刃状転位　　　　　　　　　らせん転位

図 5-3　セラミックス中の線欠陥

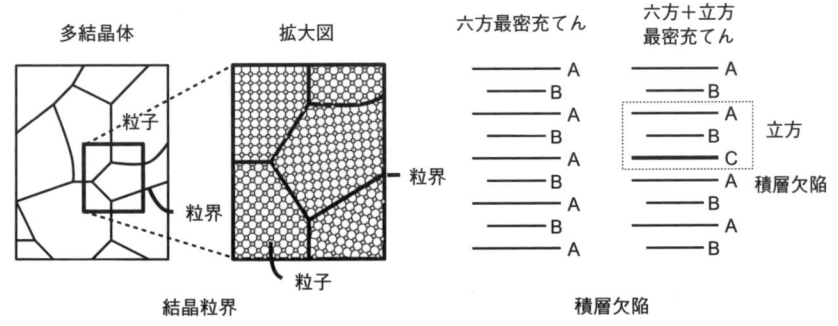

多結晶体　　拡大図　　　　六方最密充てん　　六方＋立方最密充てん

粒子
粒界
粒界
粒子

結晶粒界　　　　　　　　　積層欠陥

立方
積層欠陥

図 5-4　セラミックス中の面欠陥

5.3 セラミックス中の物質移動

セラミックスのような固体中の原子またはイオンの移動はおもに拡散（diffusion）である（図5-5）。拡散は不均一な濃度のものが均一になっていく現象であり，その駆動力は，ある一定の温度条件下における物質の濃度差である。この拡散現象はフィックの第一法則によって説明され，物質の流速 J は濃度勾配 Δc に比例し，物質によって決まる拡散係数 D に大きく依存する。この拡散現象を利用して固相反応が行われ，AO と BO との酸化物どうしが化合して ABO_2 がえられる（図5-6）。しかし，このときにAO および BO の拡散係数が同じならば，接触しているところから両方の粒子に均一に反応相が進行するが，拡散係数が異なる場合には拡散係数の小さなほうに反応相が形成される。

つぎにセラミックスのプロセスに必要な粒子どうしの焼結反応における物質移動について説明する（図5-7）。焼結反応では，表面拡散，体積拡散，粒界拡散の拡散反応がおこる。表面拡散は，表面には結晶内部より多くの欠陥をもつことから大きなエネルギーをもっている。この表面エネルギーが駆動力となり，凸部から凹部へ表面を利用してイオンが移動する。体積拡散は結晶中の欠陥（空孔拡散，格子間拡散）を利用して物質移動が起こり，結晶成長を促進する。粒界拡散は粒界には欠陥が多く存在しているので，その欠陥を利用して内部から外部への物質移動が起こる。このほかに，粒子の凸部の表面エネルギーが高いことから蒸気圧も凹部のそれよりも高くなることから，高温下での蒸発-凝縮によって凸部のイオンが気相を介して蒸発し，それが凹部で凝縮する物質移動もある。さらに焼結段階において反応系に液相が生じる場合には粘性流動が支配的に起こる。焼結プロセスでは，この5つの物質移動を制御することによってセラミックスの微構造を制御することができ，その特性を制御したり，新たな特性を見いだしたりしている。

固体の拡散速度

反応層の厚さ x，固相反応速度定数 k，反応時間 t とすると $x^2 = kDt$ となり，反応相の厚さ x の2乗は反応時間 t と拡散係数 D に比例する。すなわち，固体中でのイオンの拡散反応は意外に遅いことを意味する。そこで拡散を速やかに進行させるには，原料粒子の微細化，均一混合と高充てん化が必要となる。

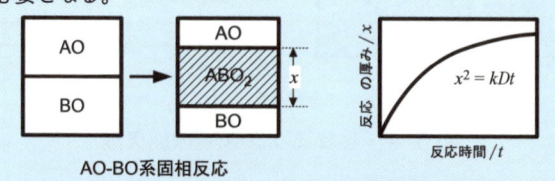

AO-BO系固相反応
拡散係数 D の違いによる固相反応の形成

固相反応にあずかる拡散成分の速度は $\dfrac{dx/dt}{A} = D\left(\dfrac{k\,\Delta c}{x}\right)$ で表わされる。ここで ΔC は生成物の拡散成分の濃度差，A は拡散断面積である。この式を積分すると上述の放物線の式が導かれる。

直接交換拡散　　間接交換拡散　　空格子点拡散　　格子間拡散

図 5-5　物質拡散

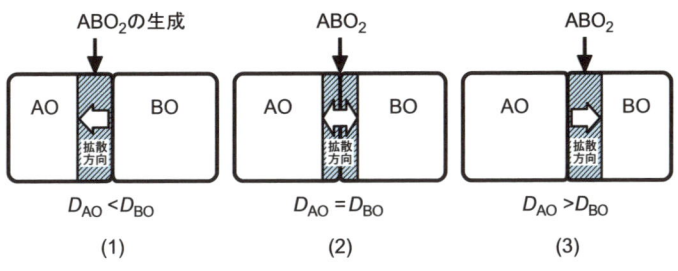

$D_{AO} < D_{BO}$　　　　$D_{AO} = D_{BO}$　　　　$D_{AO} > D_{BO}$
(1)　　　　　　　　(2)　　　　　　　　(3)

図 5-6　固相反応の模式図

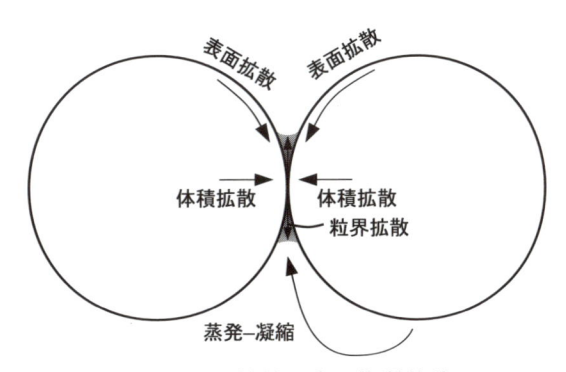

図 5-7　焼結反応の物質移動

拡散反応の温度依存性

多結晶体においては，拡散イオンは粒子内部を移動する体積拡散よりも構造の乱れの大きい粒界拡散や表面拡散のほうが容易である。図は拡散反応の温度依存性を示したものである。図から，拡散に必要な活性化エネルギーは体積拡散＞粒界拡散＞表面拡散の順に低下する。したがって，拡散係数は表面拡散＞粒界拡散＞体積拡散の関係がえられる。経験的にそれぞれの拡散の活性化エネルギーの比は体積拡散：粒界拡散：表面拡散＝4:2:1 程度といわれている。

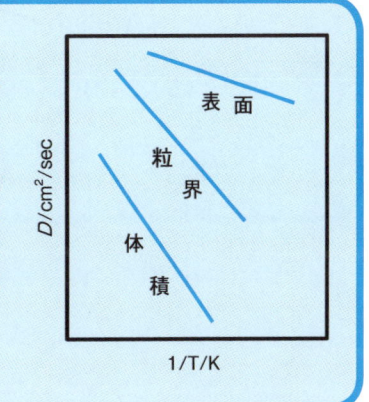

固相反応の反応速度（Janderの式）

図に示す簡単な固相反応モデルでその反応機構を考える。このモデルでは固相反応するためには，AまたはB成分のどちらかが固体中を移動となければならない。一般的には固相反応は，界面反応よりも物質移動が律速となるので，反応層ABの厚みx（反応成長速度）にしたがい，これは反応率αから速度式を求めることができる。

Janderは以下の仮定に基づいて反応速度式を導いた。

（1）拡散成分Aが過剰で図に示すような半径r_BのB粒子をとりまき，両者の界面での接触は完全で，反応は球殻状に生じる。

（2）拡散層の断面積は一定である。

生成物層中のA成分の濃度勾配（ΔcA）は直線的であるからFickの法則により，反応層ABの成長速度は（1）で表される。

$$dx/dt = k''(\Delta cA)/x \qquad (1)$$

濃度勾配（ΔcA）は界面Aと界面BでのA成分の濃度差であり，これを一定として積分すると放物線式（2）がえられる。

$$x^2 = k't \quad （実際には \quad k' = 2k''(\Delta cA) となる。） \qquad (2)$$

一方，反応率αは過少成分Bを基準とすれば（3）式が成り立ち，これを変形すれば（4）式がえられる。

$$\alpha = [r_B^3 - (r_B - x)^3]/r_B^3 \qquad (3)$$

$$x = r_B[1 - (1-\alpha)^{1/3}] \qquad (4)$$

（3）式を（2）式に代入すると（5）式がえられ，この式がJanderの式といわれている。

$$(1-(1-\alpha)^{1/3})^2 = kt \quad ただし \quad k = k'/r_B^2 \qquad (5)$$

Janderの式は，その仮定が実際の固相反応機構を表すには，あまりにも単純すぎて無理が生じる。そのため，その後に多くの研究者によってJanderの式の改良が行われ，より実際の固相反応機構を考慮した仮定の下で反応速度式が提案されている。しかし，改良した仮定を含めていくとJanderの式はより複雑になり，ある他の条件では適合しなくなるようなケースもでてきて，それだけ固相反応機構が複雑であることを実証している。

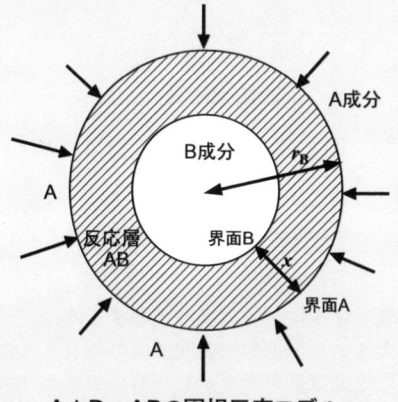

A＋B→ABの固相反応モデル

イオン結晶の基礎

　イオン結晶の基礎として，ポーリング（Pauling）の法則は，結晶化学的な重要な考え方を示した法則である。イオン結合性の高い結晶は，陽イオンと陰イオンとの静電力によって結合し，静電的反発力が最小になるようなイオンの充てんをとる。これらの大まかなことはすでに 5.1 でしたが，セラミックスを結晶化学的な見地から見る場合には必要な知識である。

　（1）ポーリングの第 1 法則

　イオン結晶では，陽イオンの周りに陰イオンが配位する多面体（3，4，6，8 および 12 配位多面体）が形成され，これは陽イオンのイオン半径 r と陰イオンのイオン半径 R とのイオン半径比 r/R で決まる。これについては本文 5.1，図 5-1 を参照すること。

　（2）ポーリングの第 2 法則

　陽イオンの電荷数をその配位数で割った値は，安定な結合では周囲の陽イオンから任意の陰イオンに影響する値の総和となり，その陰イオンの電荷の絶対値に等しくなければならない。この法則はイオン結晶の局所的な電荷はつねに電気的中性であることを示すものである。

　（3）ポーリングの第 3 法則

　安定なイオン結晶では陽イオンの周りの配位多面体は隣接する配位多面体となるべく離れようとする。この法則は配位面体を構成する陰イオンは，隣接する配位多面体の陰イオンと共有する数を減らそうとするものである。配位多面体は，面共有よりは稜共有，稜共有よりは点共有するほうが，配位多面体どうしの反発力を低減できるためである。

　（4）ポーリングの第 4 法則

　配位数が小さく，大きな電荷をもつ陽イオンが構成する配位多面体は点共有によって結合する。この法則は，2 つの陽イオンの静電的な反発力はそれらの電荷の二乗に比例するので，配位数が同じ場合には大きな電荷をもつ陽イオンは離れているほうがその配位構造の安定性は高くなる。

　（5）ポーリングの第 5 法則

　単一構造に含まれる成分数は少なくなる。この法則は，1 つの構造で陽イオンおよび陰イオンが安定的に充てんされる場合，なるべく異なるイオン半径のものや配位多面体は少ない方がよい。

結晶構造の表現方法

　結晶構造は格子とその中に存在する原子の基本構造の組み合わせで定義されることは第3章に示した。そこでは単位格子は7晶系と14ブラベー格子でと表されると説明した。しかし，原子の基本構造等も加味するとらせん軸や映進面と呼ばれる並進をともなう点対称操作（32種類の点群）に分類され，これを14ブラベー格子に加味すると結晶構造は230の空間群に分類される。この230の空間群が結晶構造を分類する上で，また，結晶構造を描く上で重要な情報であり，それは "International Tables for Crystallography, Vol. A"（出版元 Wiley-Blackwell）にすべて収録されている。International Tables for Crystallography は結晶を扱うものにとってはバイブル的な存在である。

　International Tables for Crystallography には，空間格子の種類と必要な対称要素を示す国際的に定められたヘルマン−モーガン（Hermann-Mauguin）の記号が与えられている。また，その格子中で原子が存在できる位置や回折の起こる条件などが詳しく記載されている。さらに結晶の対称性も記載され，点群（1点のまわりに存在しうる対称性のすべての組み合わせ）の対称操作，回転，回反（回転＋反射），螺旋（らせん）（回転＋平行移動），映進（反射＋平行移動）の組合せにしたがって操作することにより，結晶を構成しているすべての原子点（座標）を求めることができ，それを基に結晶構造を描くことができる。

　最近では PC のソフトウェア上で空間群と原子種，原子位置，占有率等を入れるだけで，その結晶の3次元グラフィクスとして出力できる。また，このデータを基にして等価な原子位置や配位状態（結合角度と結合距離）などが容易に求められる。

　自分で研究題材の結晶を描画したい場合，1) その結晶の ICDD カードや結晶学的データの記載されている論文等で空間群を調べる。2) さらに結晶学的データの記載されている論文等で各原子の座標位置（x, y, z）と多重度・Wyckoff 記号を調べる。3) 各原子について，International Tables for Crystallography の position の部分に書かれている多重度・Wyckoff 記号とその配位（coordinates）の対称操作によってすべて原子座標を計算する。4) 求めた各原子の原子座標を用いて2次元または3次元で結晶を描画する。

　このような空間群および結晶の対称操作の知識は X 線構造解析（リートベルト解析等）にも必要な知識であり，また，自分で International Tables for Crystallography を用いて結晶を紙の上に描いてみることで結晶学的な知識の理解度はあがる。

6

セラミックスの製造

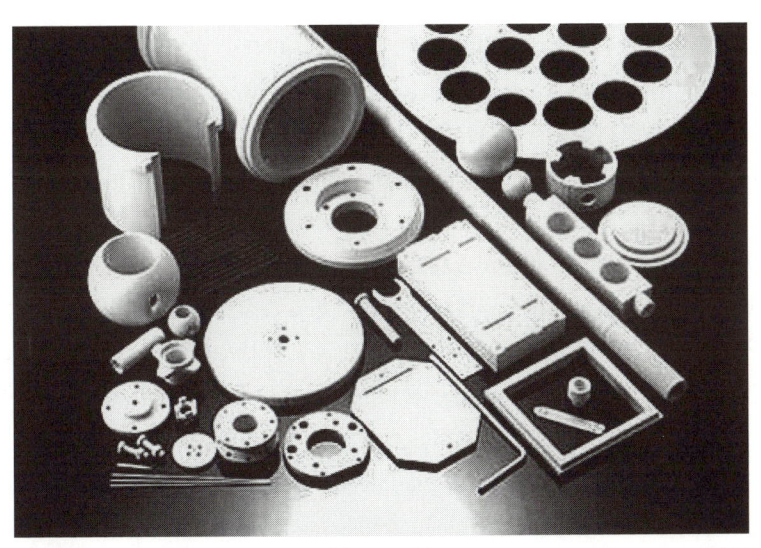

高純度アルミナセラミックス製品の外観(写真提供　太平洋セメント(株))
高純度アルミナセラミックスは汎用高性能セラミックスとして広い分野で利用されている。そのため形状や大きさは様々あり，それに対応した製造方法が開発されている。

6.1 セラミックスの原料

セラミックスの原料には，天然鉱物資源をほぼそのまま，または物理的・化学的方法を用いて精製した天然原料と，鉱産資源から目的成分だけを抽出したりして高純度化した合成原料とがある。前述した陶磁器，耐火物，セメント，ガラスなどの伝統的なセラミックスの製造にはおもに天然原料が，先進セラミックスの製造にはおもに合成原料が用いられる。

(1) 天然原料

主要な天然原料を表6-1に示す。化学組成から見るとおもにシリカ質または粘土系ケイ酸塩化合物が多い。また，石灰石（$CaCO_3$）なども含まれる。これらは，ほとんど天然鉱物資源として産出され，わが国でもある程度を産出しているが，高品質の原料資源の枯渇などの理由から，海外からの輸入にたよっている。これらは中国，オーストラリア，米国などの特定の国に片寄っており，原料資源の安定供給ルートの確保や価格安定化の面から問題視されている。

(2) 合成原料

主要な合成原料を表6-2に示す。合成原料の製造方法は酸化物系原料と，窒化物，炭化物およびホウ化物などの非酸化物系原料とで大きく異なる。酸化物系原料の場合には，おもに，① 粉体どうしを混合し高温で反応させる固相混合法，② 目的成分を溶かした溶液から過飽和度を利用して沈殿生成反応により原料をえる水溶液反応法，③ アルコキシドなどの有機金属原料を加水分解して微粒子をえるゾルゲル法，などが用いられる。一般に先進セラミックス用の原料粉体には，その粒径が小さく，純度が高く，高品質な原料が望まれる。しかし，その要望が高くなるにともない製造方法も高度化し，さらに製造コストも高くなる。合成原料では，今後も高純度化（3〜6N（ナイン）），ナノサイズの微細な原料粉体の大量生産化が必要となっていく。

一方，非酸化物系原料の場合，窒化物，炭化物，ホウ化物などが中心的な原料となる。この場合，① 単体の粉体を雰囲気調整しながら高温で反応させる気相固相反応法，② 高温で気相成分が反応することにより目的物を合成する気相反応法，③ 酸化物粉体を高温でおもに炭素を用いて還元させながら反応させる還元法，などがある。

一般にセラミックス原料の粒子形態は等粒状であることが望まれるが，板状や針状など異方性の大きな形態の原料も製造されている。とくに針状や繊維状の原料はセラミックスとの複合化（FRC）だけでなく，高分子材料や金属材料との複合化（FRPまたはFRM）にも用いられている。その製造方法には，水溶液中である特定な結晶面だけを成長させる方法やゾルゲル法など溶液から繊維状高分子前駆体を製造する方法などがあり，さまざまなウィスカー（針状・テープ状の単結晶），多結晶およびガラス質の繊維が製造されている。

最近では，資源の確保および元素戦略などにおいて，セラミックス原料のケミカルリサイクルが進められ，とくに希少元素（レアメタル）のリサイクルについては資源のない日本では急務となっている。さらに希少元素をもちいるセラミックスでは，希少元素に代わる代替元素についての研究も進められている。

表6-1 主な天然原料

原料名	主な構成鉱物	成分	主な用途
石灰石	カルサイト($CaCO_3$)	CaO, $CaCO_3$	セメント,建設用材料,製紙用粉体
ケイ石	石英(SiO_2)	SiO_2	ガラス,陶磁器,半導体
カオリン	カオリナイト($Al_4(Si_4O_{10})(OH)_8$)	$SiO_2 \cdot Al_2O_3$	製紙用粉体,陶磁器,ガラス繊維
長石	(Na, K, Ca, Ba)Al(Al, Si)Si_2O_8	$K_2O \cdot CaO \cdot SiO_2 \cdot Al_2O_3$	陶磁器,ガラス
ボーキサイト	ギブサイト($Al(OH)_3$)	Al_2O_3	アルミナセラミックス,耐火物,研磨材
タルク	タルク($Mg_3(Si_4O_{10})(OH)_2$)	$MgO \cdot SiO_2$	コーディエライトセラミックス
マグネシア	マグネサイト($MgCO_3$)	MgO	MgOセラミックス,耐火物,鋳物砂
ジルコニウム鉱	ジルコン($ZrSiO_4$)	$ZrSiO_4$	耐火物
チタニウム鉱	イルメナイト($FeTiO_3$)	TiO_2	顔料原料,電子材料原料,光触媒原料
黒鉛	グラファイト(C)	C	耐火物,炭素材料,潤滑材

表6-2 主要な合成原料

原料名	化学式	製造法	粒径(μm)	主な用途
シリカ	SiO_2	気相法	0.01〜	ガラス,充てん材,吸着剤,半導体
アルミナ	Al_2O_3	沈殿法,ゾルゲル法	0.1〜40	切削工具,機械部品,研磨材,IC基板,触媒担体
ジルコニア	ZrO_2	沈殿法	0.3〜5	切削工具,機械部品,顔料,耐火物
マグネシア	MgO	沈殿法	0.01〜150	耐火物,MgOセラミックス
チタン酸バリウム	$BaTiO_3$	固相混合法	0.1〜1.5	電子材料(PTCなど)
二酸化チタン	TiO_2	沈殿法	0.1〜1.5	光触媒,白色顔料
ムライト	$Al_6Si_2O_{13}$	ゾルゲル法	1〜	耐火材料,高温治具
スピネル	$MgAl_2O_4$	固相混合法	0.1〜	耐火物
水酸アパタイト	$Ca_{10}(PO_4)_6(OH)_2$	沈殿法	0.1〜10	生体材料,骨充てん材
窒化ケイ素	Si_3N_4	直接窒化法	0.3〜10	機械部品,構造材料,摺動材料工具
窒化アルミニウム	AlN	還元窒化法	1〜	高熱伝導性基板,放熱材量
窒化ホウ素	BN	還元窒化法	0.1〜200	固体潤滑材,超硬材料
炭化ケイ素	SiC	還元炭化法	0.03〜5	耐火物,発熱体,半導体製造装置用治具
炭化タングステン	WC	直接炭化法	0.7〜10	超硬材料
ダイヤモンド	C	高圧高温法	—	超硬材料

6.2 多結晶体セラミックスの製造プロセス

(1) プロセスの概要

セラミックスの中で多くを占める多結晶体セラミックスの製造プロセスの概要を説明する。多結晶体セラミックスは，まず，各種の原料粉体の調製を駆使して最適な原料粉末を調製し，その粒度を揃えて顆粒化し，それを的確な方法で所望の形に成形して成形体とする。えられた成形体はそれを構成する粒子と粒子とを融着させる焼結工程を経て多結晶セラミックスになる。このように多結晶セラミックスは大きく分けて「原料調製」，「成形」，「焼成」の工程を経て製造され，この工程は伝統的なセラミックスである土器，陶磁器，耐火物などとほとんど変わらない（陶磁器では施釉工程などが入る）。

(2) セラミックの粉体合成法

液相法は，液相中に存在する金属イオンを水酸化物，炭酸塩，シュウ酸などの難溶性物質として沈殿させ，これらを加熱し酸化物の原料粉体を作製する方法である。固体を混合・焼成する固相反応法に比べて微細な粉体がえられ，また純度も高いものが得られることから広範囲に利用されている。ここでは主に液相合成を中心として述べる（表6-3）。

溶液中に溶解している目的イオンを沈殿させるには，初期濃度，温度，pHなどの条件を変え，溶媒を除去することによって過飽和状態にする必要がある（図6-1）。すなわち，沈殿生成は過溶解度領域で結晶核が発生し，過溶解度曲線と溶解度曲線との間の領域で結晶成長が起こるためである。また，粒子径の小さな沈殿物を生成させるには，過溶解度領域の濃度を高くして一気に多くの結晶核を発生させる。一方，大きな結晶を生成させるには，過溶解度領域の濃度を少なくし発生する結晶核を少なくし，過溶解度と溶解度との間の領域を保つようにすれば，結晶成長が促進して結晶外形を示す大きな粒子がえられる。

ゾルゲル法とは，"溶媒中の目的イオンを加水分解反応や重縮合反応によってゾル化し，その後溶媒量を減少させてえられるゲル状物質を加熱し原料粉体をえる"方法である。その特徴は微細な高純度粉末が比較的手軽にえられるためにその利用範囲は広い。

$$M\text{-}OR + H_2O \longrightarrow M\text{-}OH + R\text{-}OH$$

まず，水分子のOH基がアルコキシドの金属イオンに求核的に付加してプロトンがOR基に移り，ROHが取り除かれる。金属アルコキシドの加水分解（hydrolysis）の進みやすさは，化合しているイオンの性質によって決まる。たとえば，電気陰性度が小さく，イオン半径が大きいほど加水分解は促進される。$Si(OHPr)_4$の加水分解反応は$Ti(OHPr)_4$のそれに比べて遅い。また，金属のアルコキシドはアルキル基の分子量が多いほど加水分解されにくい。

一方，この合成反応とまったく逆の脱水反応によってゲル状物質をえる方法が錯体重合法である。金属イオンを錯形成し，その錯体中に存在するカルボン酸，水酸基などを加熱によって脱水縮合し，金属イオンを配位した高分子状ゲル状物質を調製する方法である。

$$R\text{-}COO^- + M^+ \longrightarrow R\text{-}COOM \quad (錯形成)$$

$$R\text{-}COOH + R\text{-}OH \longrightarrow R\text{-}COO\text{-}R + H_2O \quad (脱水縮合反応)$$

表6-3 主なセラミックス原料の液相合成の一例

反応	方法	基本的な原理	例
水溶液反応	イオン反応	水溶液どうしの反応により無機塩を沈殿させる。その沈殿を熱分解する場合もある。	フェライト, チタン酸バリウム, ハイドロキシアパタイト
	加水分解法	水溶液中で原料を加水分解させて水酸化物をえる。その水酸化物を熱分解する場合もある。	α-アルミナ, γ-酸化鉄, チタニア
	均一沈殿法	反応系に尿素を入れ, 尿素を加熱分解し沈殿をえる。	炭酸カルシウム, ハイドロキシアパタイト
	エマルジョン法	反応系に界面活性剤等を入れて, 球状液敵の反応場で沈殿をえる。	チタニア, シリカ
	アルコキシド法	金属アルコキシド原料を加水分解させて水酸化物をえる。その沈殿を熱分解する。	チタニア, ジルコニア, ムライト
	ゾルゲル法	本文中を参照	シリカ, アルミナ
	錯体重合法	本文中を参照	YBCO系化合物
水熱法	水熱合成法	100℃以上の飽和水蒸気圧下で沈殿生成または結晶成長させる。	ハイドロキシアパタイト, フェライト, ジルコニア
液相からの急激な沈殿析出法	噴霧熱分解法	二流体ノズルまたは超音波発生器等により, 液相を霧化し, その液敵を化学反応, 熱分解して沈殿をえる。(→噴霧乾燥法)	フェライト, チタニア, ジルコニア, アルミナ, ハイドロキシアパタイト, PLZT
	凍結乾燥法	溶媒を冷却し過飽和状態で沈殿形成した後, さらに溶媒を固相になるまで冷却し, そのまま減圧して昇華させる。(→溶媒乾燥法)	フェライト, PLZT, アルミナ, スピネル

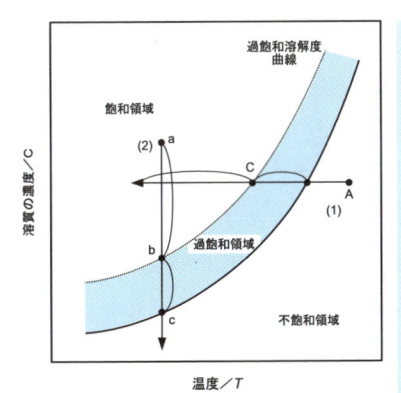

(1) 反応温度を下げる場合
(2) 化学反応によって沈殿生成する場合

図6-1 溶解度曲線

(1) 溶質を加熱して溶解しておき (A), 温度を下げていくことで結晶生成する場合, A-B間は不飽和領域なので沈殿生成は起こらない。さらに冷却しB-C間では飽和状態になるが, 過飽和の状態で, 核などを加えない限り結晶生成は起こらない。この領域を不均一核生成領域という。さらに冷却しCよりも温度が下がると自発的に核発生が起こり, 沈殿生成する。この領域を均一核発生領域という。
(2) 過飽和領域で化学反応するとすぐに核発生が起こる (a)。その核発生に利用されるため溶質濃度は低下する (a-b間)。やがてb以下に溶質濃度が低下すると核発生よりも結晶成長が律速になる (b-c間)。さらに結晶成長によって溶質濃度は低下し, 不飽和領域になる。この不飽和領域では核発生も結晶成長も起こらない。

(3) 成形工程

セラミックスの成形方法としては，鋳込み成形（slip casting）や加圧成形（pressing），さらにはテープ成形（tape casting）などが知られている。なかでも最も簡便な方法が一軸加圧成形法である。

一軸加圧成形法とは，金型に入れた原料粉末に圧力を加えて成形する方法である。その工程を図6-2に示すが，(a)のように下パンチと金型を固定して粉を入れて加圧し(b)，上パンチをはずして(b)，(c)のようにダイを下げて成形体を取り出す方法である(d)。しかし，一定方向からの加圧であるために，成形体の充填度は場所によって異なる。その一例を図6-3に示す。このような圧力のばらつきは加圧前の粉末が均等に詰まっていないために生じる。この充填性の異なる成形体を焼成しても均一な焼結体はえられない。均一な成形体をえるには，流動性に優れる粉末を用いる必要がある。そのため粉末は微粉体をポリビニルアルコール（PVA）などのバインダーを用いて造粒して顆粒化することが望ましい。顆粒化することによって成形密度は向上するため，えられた焼結体の密度は均一になり，さらにはその密度も向上する。さらに均一な成形体をえるには，一軸加圧成形法と冷間静水圧成形（CIP）法との併用がある。一軸加圧成形でえられた成形体を，ラバーなどで密封し冷間静水圧によって再度成形する。これによって静水圧の均一な圧力が加えられた成形体をえることができ，その充填性は向上する（図6-4）。

材料形態はタブレット状や円柱状の単純な形状だけではない。先進セラミックスで複雑な形態を作成する方法に射出成形法がある。図6-5(a)に示すように高分子材料の成型法であり，金型に可塑性のある原料を射出する方法である。この原料は目的とするセラミック原料粉体と熱可塑性樹脂との混合体である。この原料の粘度は，原料粉体と熱可塑性樹脂の量および温度によっても大きく変化し，金型への充填には原料の可塑性を整える必要がある。また，この方法には，多くの有機物が原料内に加わるので加熱時の揮発成分も多く，収縮率も大きい。

棒状やハニカム状などの特定な形状を大量に作成する方法として押出成形法がある（図6-5(b)）。

IC基板や積層コンデンサに代表される積層セラミックスは，テープ成形法によって作製した厚膜を利用している。ここでは，テープ成形法の代表であるドクターブレード法（doctorblade process）を説明する。その概要を図6-6に示す。スラリーは一定速度で動く下部のキャリアフィルム上に形成され，その厚さはブレードの隙間によって調整される。このスラリーは原料粉体と可塑剤や溶剤などの有機物質との混合体であり，この粘度を調整することによって適切にテープ状に成形できる。近年，環境保護の観点から溶剤に水が利用され，結合剤・可塑剤もそれに対応するものが利用されている。しかし，有機溶剤に比べて水の表面張力は大きく，水中に原料粉体を均一に分散させる技術が重要となっている。

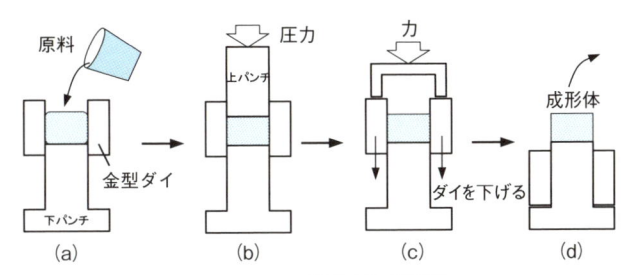

図 6-2　一軸加圧成形法

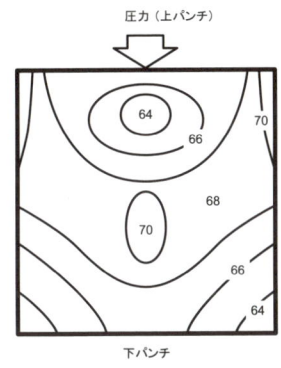

図に示すように一軸方向の金型成形だけでは，成形体の密度に分布が生じ，均一で緻密な焼結体はえられにくい。成形体の密度を均一化するには，微粉体を 50～100 μm 程度の顆粒状造粒体にして充てんするか，工程は増えるが成形体の全体に均一な圧力を加える CIP（冷間静水圧プレス）を行う。

図 6-3　一軸加圧による成形体の充填度

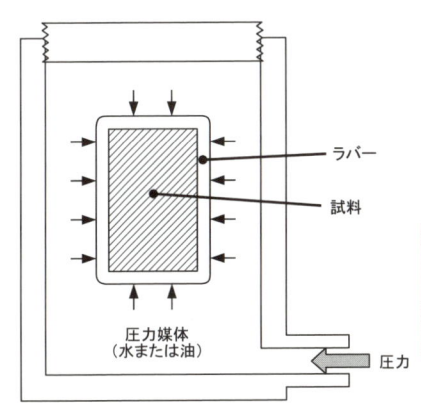

1 次成形した成型体をラーバー容器などに入れ，それを水または油を媒体とした圧力容器内で高圧をかけ，成型体全体に均一な圧力がかかるようにする。

図 6-4　冷間静水圧プレス（CIP）

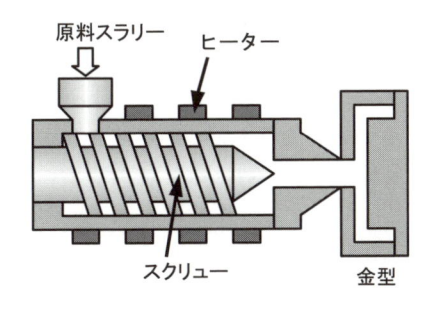

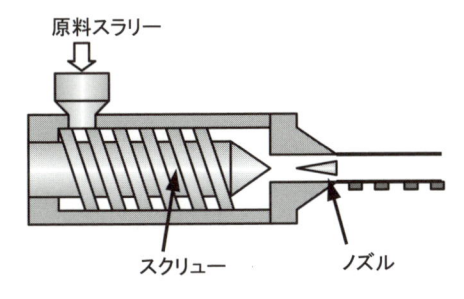

図 6-5　射出成形法（a）および押出成形法（b）

（4） 焼結工程

セラミックスの本来の意味には，「焼き固める」という意味がある。多結晶セラミックスの製造工程の中で，その特性を左右するもっとも重要な工程である（図6-7）。高温条件下でセラミック原料の粉体粒子が互いに接触すると，接触していた粒子どうしが次第に接触面積を増やし，時間とともに収縮を起こして焼き固まっていく状態を焼結という。焼結現象は化学反応ではなく，固体の表面や界面を減少させる物理現象である。

焼成によって焼結体の微構造は大きく変化するので，この全過程を1つのモデルで記述することは困難で，初期，中期，後期の3段階に分けてモデル化して表現している（図6-8）。

初期段階：粒子の接触（粒界）面積が粒子の断面積の20%まで急激に増加（これをネック成長という）する段階をさす。ネック部では，すでに述べた固体の拡散反応によって物質移動が起こり，粒子間隔が狭くなり，粒子同士が次々と合着していく。しかし，ネックのくびれが深いので粒界は移動しない。この初期段階では体積収縮がもっとも大きく見られるのが特長である。

中期段階：気孔が粒子の稜に沿った円筒状で記述できる焼結密度が理論密度の60%から95%の段階をいう。ネックのくびれは浅くなるので粒界は小さい粒子の中心に向かって移動し，小さい粒子は小さくなり大きい粒子はより大きくなる（これを粒成長という）。一方，焼結体中にある気孔は開気孔へ移動してやがて消滅する。しかし，多数の粒子が接合した部分では気孔は移動できずに残り，そのまま閉気孔となる。

後期段階：粒子の角に分かれて孤立した気孔が消失する焼結密度が95%以上の段階をいう。後期段階では小さな閉気孔は次第に収縮していくが，大きな閉気孔はさらに閉気孔が集まってより大きな閉気孔となる。また，大きな粒子は小さな粒子を併合して粒成長を起こす。この場合，不均一な部分的粒成長を異常粒成長という。

焼結密度100%に近い均一な微細結晶で構成された多結晶セラミックスをえるには，この焼結モデルの初期段階と中期段階の物質移動，焼結挙動を制御することが重要となる。

図6-8からわかるように焼結により表面積が減少し，粒界面積は増加する。すなわち，焼結は，粒子表面に蓄えられた表面自由エネルギーの一部を粒界自由エネルギーとして蓄えながら，残りのエネルギーをネック表面の周囲の原子をその表面まで拡散させてネック成長や密化を起こす現象である。一方，粒成長は粒界自由エネルギーを消費（粒界面積を減少）しながら進む物質移動である。焼結を進行させる物質移動については5.3の項で示した。焼結を進行させる物質移動には，①体積拡散機構，②粒界拡散機構，③表面拡散機構，④蒸発－凝縮機構，⑤流動機構がある（図5-7）。これらの経路の中で，①，③と④は原子が粒子表面からネック表面へ拡散する経路である。この物質移動では，ネックは成長するが粒子の中心間距離は変化しないのでち密化しない。その結果，焼結体の機械的強度はあまり増加しないので，多孔体などの孔を利用した特殊な用途以外の焼結体の製造では好ましくない。そのほかの経路は粒界や粒内からネック表面への物質移動経路であり，

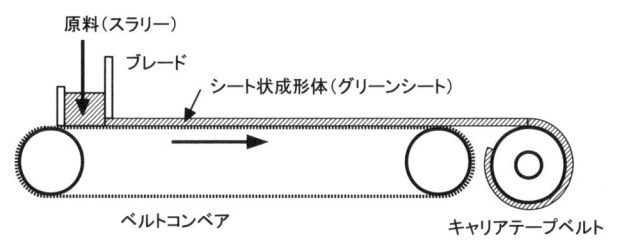

図6-6　ドクターブレード法

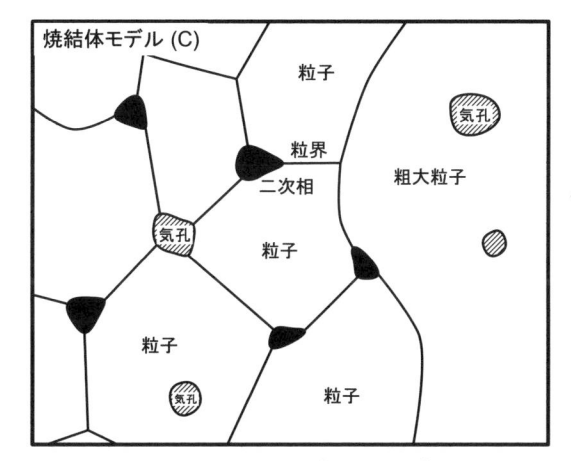

図6-7　セラミックスの焼結体（多結晶体）の微構造モデル

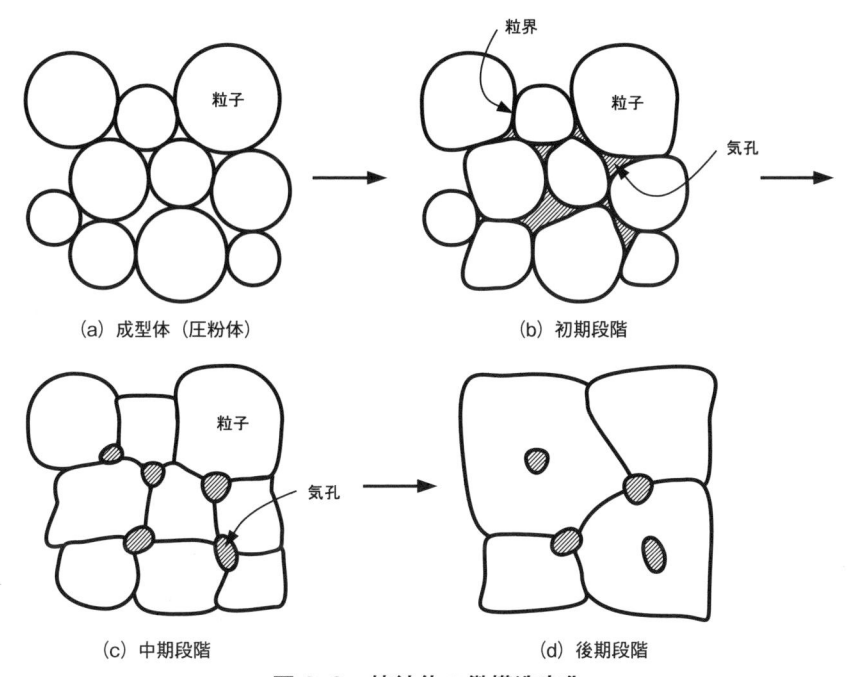

(a) 成型体（圧粉体）
(b) 初期段階
(c) 中期段階
(d) 後期段階

図6-8　焼結体の微構造変化

この物質移動でネック成長とち密化とが同時に進行する。一方，流動機構はガラスなどの粘性の小さい物質で起こる。通常，セラミックスの焼結では体積拡散機構または粒界拡散機構で進行する。

図6-9にβ-リン酸三カルシウム焼結体の電子顕微鏡写真を示した。

焼結性を調べるためには，ネックの成長速度あるいは粒子間の収縮速度を評価する。モデル実験では大きい粒子を用いて実験するのでネックの直径や粒子間の収縮率を測定できる。しかし，実用粉末は$1\mu m$以下であるので，それらの測定は困難で比表面積の減少速度や圧粉体の収縮速度を測定することが多い。

$$\frac{\Delta L}{L_0} = \left(k_1 \frac{rDt}{r^q}\right)^n$$

ここで，k_1は比例定数，ΔLは圧粉体の収縮量，L_0は圧粉体の厚さ，rは粒子の平均粒径，Dは拡散係数，tは焼成時間，nとqは焼成機構で異なる定数である。体積拡散機構のnは2，粒界拡散のそれは3である。qは体積拡散では3，粒界拡散機構では4である。式から，粒子径が1/10になると焼結速度は10^3から10^4も速くなることがわかる。材料の高機能化には高純度原料を必要とする。高純度化による拡散係数の低下を原料粉末の微粒子化で補うことができる。また，多結晶セラミックスの原料粉体は微細粒子であることが必要となる。

セラミックス原料粉体の調製方法によってその焼結性が異なる。低温でち密化するほど製造コストが経済的であり，粒子径が小さく実用的に優れた機能を発現するので，焼結が容易（易焼結性）な原料粉体をつくる研究が進められている。一般に球のように均一に充てんして粒子間に大きい空隙をつくらず，しかも微細な粉末ほど焼結性に優れている。

主成分のイオンと価数が異なるイオンは欠陥を大量に発生するので，そのイオンを含む化合物を添加すると物質移動性が高められ，焼結性を改善できる。工業的には材料の特性を損なわずに焼結性を改善できる添加剤（焼結助剤）を利用するのが一般的である。

① 普通焼結：粉体を圧縮して成形体を製造したのち，大気圧雰囲気，高温で焼結する方法をいう。

② 加圧焼結：焼結中に加圧するとち密化が非常に促進する。金型に原料粉末を入れてパンチで圧縮してち密化を促進するホットプレス法やカプセルに入れた粉末や焼結体を高温でガス圧による静水圧でち密化を促進する熱間静水圧成形（HIP）法などがある（図6-10）。

③ 反応焼結：難焼結性の非酸化物系の焼結に用いられている。たとえば炭化ケイ素（SiC）のようにSi成分とC成分とを反応させると同時にち密化する焼結法である。

(a) (b)

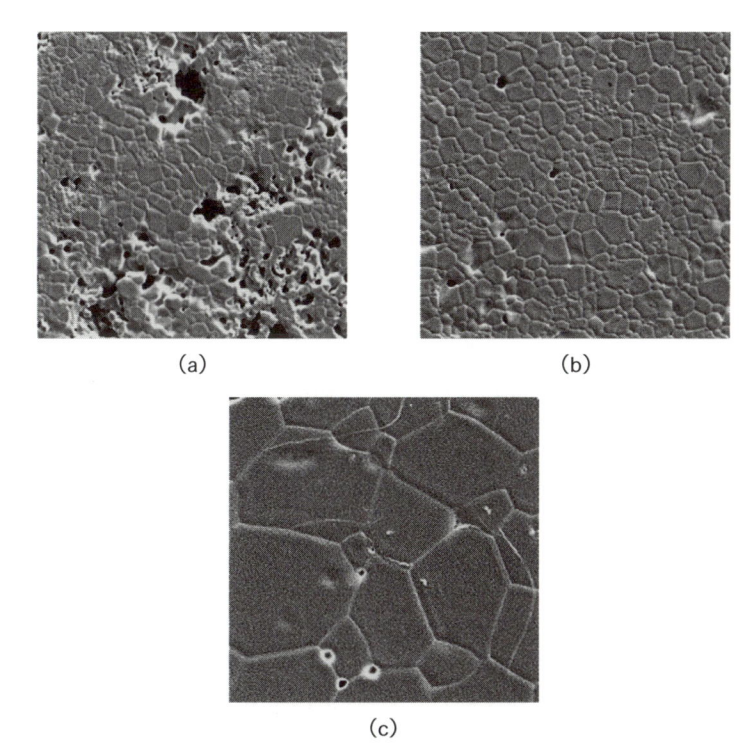

(c)

図 6.9　リン酸三カルシウムセラミックス微構造の電子顕微鏡写真

(a) は焼結の初期段階で焼結が進行しなかったため気孔が残り，緻密化していない焼結体の微構造である。(b) は焼結の初期および中期段階で焼結が積極的に進行してほとんど気孔が残らず，緻密化した焼結体の微構造である。(c) は焼結の後期段階で焼結した粒子がさらに粒成長した微構造である。

(a) ホットプレス　　　　　　　　　(b) HIP

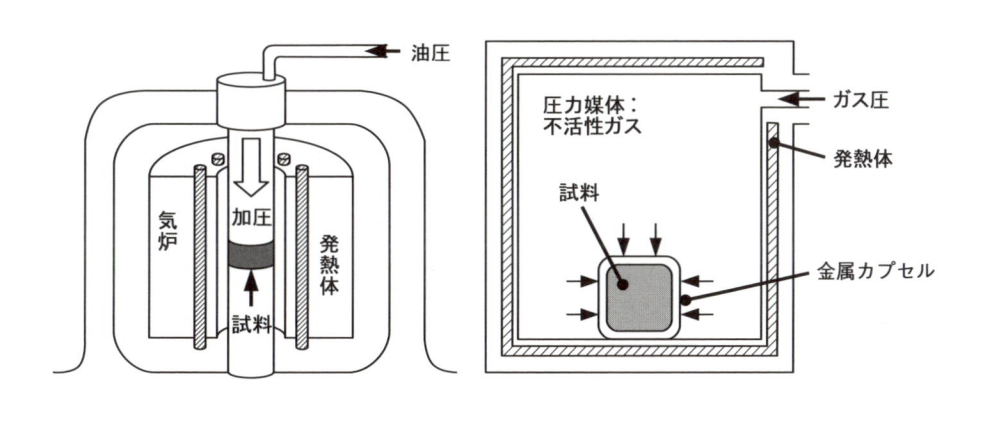

図 6.10　ホットプレス (a) および熱間静水圧プレス (HIP) (b)

ホットプレスは一軸加圧しながら加熱して焼結体をえる。熱間静水圧プレスは不活性ガスを加圧媒体として焼結体に均一に圧力がかかるようにして加熱し焼結体をえる。いずれも加圧しながら焼結させるので気孔の少なく密度の高い焼結体をえることができる。

6.3 単結晶セラミックスの製造プロセス

　単結晶セラミックスは，多結晶セラミックスとは異なり粒界をもたず，バルク全体が一つの結晶で構成されている。このように大きな結晶を製造する場合，たとえば，原料物質を加熱して溶融後，冷却すると液体から固体となって析出する。この固体の状態は冷却速度によって異なり，急冷した場合にはガラス（非晶質物質）として，ゆっくり冷却した場合には結晶として生成する。さらにその冷却速度を極端に遅くした場合には結晶成長が顕著になり，最終的にはバルク全体が一つの結晶構造で構成された単結晶（single crystal）がえられる。単結晶セラミックスを製造する場合には，すでに示した多結晶セラミックスを製造する場合とは異なり，融液から固化する冷却条件が重要なポイントになる。このような融液固化による方法以外でも単結晶セラミックスは製造でき，それらを表6-4に示す。以下にこれらのなかでも代表的な単結晶セラミックスの製造方法について，その概要を説明する。

　回転引き上げ法は，原料を加熱溶融させ，その溶融部分から種結晶をゆっくりと上部方向に移動させることによって単結晶を成長させる方法である（図6-11(a)）。この方法は溶融のためのるつぼを使用することから，るつぼからの不純物の混入がさけられないため，高純度を求められるような単結晶の合成にはあまり向かない。

　シリコンウェハーとしてIC基板等に利用されているシリコン単結晶体の製造方法としては浮遊帯溶解法（FZ法）が一般的である（図6-11(b)）。FZ法は，焼結によって作製したシリコン多結晶体の端部を赤外線や高周波誘導によって集中加熱して溶融させ，その溶融部分をゆっくりと移動させることによって多結晶体から単結晶を成長させる方法である。FZ法は，溶融のためのるつぼ等の容器を使用しないことから，容器からの不純物の混入がないなどの利点をもつ。また，比較的結晶成長速度が速く，高純度化も容易であることから，FZ法で製造される単結晶セラミックスは多い。また，ベルヌーイ法も容器を利用しない単結晶セラミックスの合成方法の1つであり，ルビーやサファイアなどアルミナ（α-Al_2O_3）を主成分とする高温合成が必要な宝石などの製造に用いられている。

　水熱合成法は，オートクレーブ中の高温高圧の水蒸気雰囲気下において目的とする結晶を成長させる方法である。古くから水晶振動子などに用いられる水晶（SiO_2）の単結晶合成に利用されてきた。常温常圧下では溶解度が小さい水晶でも高温高圧下では溶解度が大きくなることを利用して種子結晶を大きな単結晶体に成長させる方法である。その製造には図6-11(c)に示すような超硬合金（ステンレス鋼，クロムモリブデン鋼，ハステロイ）でつくられた耐熱耐圧容器が用いられる。オートクレーブ内には水酸化ナトリウムなど希アルカリ水溶液を入れ，種結晶のある上部温度を約300℃，原料のある下部温度を約400℃に加熱し，圧力は140 MPa程度に達する。このような条件下で，下部のSiO_2飽和溶液は熱対流と温度差によって上部で過飽和状態となって種子結晶上に析出・成長する。

表 6-4 単結晶セラミックスの製造方法

大別	方法	化合物	用途
液相成長	水溶液法	KH_2PO_4(KDP)	音響素子，光変調素子，光回路材料
	水熱合成法	SiO_2(水晶)	振動子，光回路材料
融液成長	ベルヌーイ法	Al_2O_3	窓材，軸受
	フラックス法	$KTiOPO_4$(KTP)	波長変換素子
		LiB_3O_5(LBO)	波長変換素子
	回転引き上げ法 (チョクラルスキー法)	Al_2O_3	基板
		$LiNbO_3$(LN)	光変調素子，SAW素子，周波数変調素子
		$Bi_4Ge_3O_{12}$(BGO)	シンチレーター
		$Y_3Al_5O_{12}$(YAG)	固体レーザー
	ブリッジマン法	NaCl	光回路材料
		NaI	シンチレーター
		CaF_2	光回路材料
	浮遊帯溶融法 (FZ法)	Si	基板
		TiO_2	光回路材料
気相成長	CVD	C(ダイヤモンド)	基板
	化学輸送法	フェライト	磁石
固相成長	超高圧合成法	C(ダイヤモンド)	砥粒

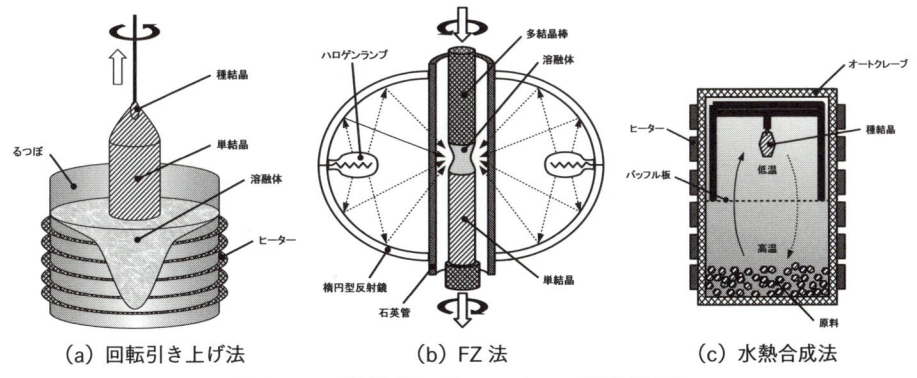

(a) 回転引き上げ法　　(b) FZ法　　(c) 水熱合成法

図 6-11 単結晶セラミックスの製造装置

6.4 薄膜セラミックスの製造プロセス

材料の表面改質および複合化は，その材料特性に大きく影響する。金属材料，セラミックス材料さらには高分子材料の表面上へのセラミックス薄膜の調製は多くの材料分野で注目され，このようなセラミックスの薄膜化技術が重要なプロセス技術となっている。薄膜作製法には表6-5に示すように多くの種類がある。

薄膜形成には原料を反応させる反応場が気相と液相に大別される。気相を反応場として利用したものはさらに物理的気相蒸着法（PVD：physical vapor deposition）と化学的気相蒸着法（CVD：chemical vapor deposition）とに大別される。PVD法には，真空蒸着法，スパッタリング法がある。真空蒸着法は固体を真空中で加熱することにより蒸発させた粒子を基板上に堆積させる方法であり，スパッタリング法やレーザーアブレーション法は原料固体（ターゲット）にイオンやレーザー光を衝突させ，表面から放出される原子や分子を基板上に堆積させる方法である。一方，CVD法は気化した原料化合物が熱分解，酸化，還元などの化学反応を経て，基板上に薄膜として凝縮する方法である。化学反応を進行させるためのエネルギー源の違いによって熱CVD，光CVD，プラズマCVDなどがある。一般的に気相を反応場にした場合，大面積な基板上に高品質な成膜が可能であるという特長をもつ。

液相を反応場とした場合，化学反応と電気化学反応とに大別される。ゾルゲル法による薄膜合成法は，金属塩，金属有機化合物などから生成するゾル（sol）をゲル（gel）化して薄膜をえる方法であり，組成制御と複合化が容易である。また，親水基と疎水基をもつ有機化合物を単分子層で基板の表面に配列堆積させる方法にラングミュウア・ブロジェット法がある。そのほか，溶媒中に分散させた酸化物微粒子を電場によって基板に堆積させる電気泳動法などがあり，これは複雑な形状のものにも対応できる。

セラミックスの薄膜は，原子状の粒子が基板上に堆積するという特長をもつ。そのため，セラミックスの焼結温度より低温度での合成が可能である。また，熱力学的に非平衡な材料の堆積も可能となり，焼結反応ではできない多層化や複合化などもでき，複雑な層組成および構造をもつものが製造できる。さらに基板の原子配列を受け継いだ形で結晶成長させるエピタキシャル成長を起こさせ，ある特定な結晶面だけを配向成長させることもでき，特定な機能をさらに引き出すこともできる。

セラミックス薄膜の応用例を表6-6に示す。

表6-5 各種セラミックス薄膜の調製方法

反応場	成膜原理	作製方法
気相	物理的堆積（PVD）	真空蒸着（抵抗加熱，電子ビーム）
		スパッタリング（直流，高周波，マグネトロン）
		レーザーアブレーション
	化学的堆積（CVD）	熱CVD（MOCVD）
		光CVD
		プラズマCVD
液相	化学反応による堆積	ゾルゲル法
		熱分解法
		ラングミュウア・ブロジェット法
	電気化学的堆積	電気泳動法

表6-6 各種セラミックス薄膜の応用例

材料	機能	用途
In_2O_3–SnO_2(ITO)	導電性，透明性	透明性導電膜
γ-Fe_2O_3	強磁性	磁気記録媒体
SnO_2	導電性	ガスセンサ
ZnO	圧電性	SAWフィルター
(Pb, La)TiO_3(PLT)	焦電性	赤外線センサ
Pb(Zr, Ti)O_3(PZT)	強誘電性	不揮発メモリー
ZnS:Mn	無機EL	FPDの発光素子
TiO_2	親水性	親水性ミラー
SiO_2	屈折率	光学膜
SiC	高硬度	耐食性膜
TiN	高硬度	耐摩耗性膜
Cダイヤモンド	高硬度	耐摩耗性膜
$Ca_{10}(PO_4)_6(OH)_2$(HAp)	生体親和性	生体材料
$Ca_3(PO_4)_2$(TCP)	生体親和性	生体材料

焼結と粒成長

　焼結（sintering）とは，小粒子どうしが接触して接合部を次第に成長させ，ついには併合して大粒子になるプロセスである。粒子表面の構成成分の蒸気圧が低い場合，その成長速度は粒子間接触部（粒界）を通して構成成分が拡散する速度に律速となる。とくに焼結初期段階においては，粒子の変形を解析すれば容易に焼結機構の情報がえられる。この場合の成分の拡散の原動力は，粒子内部，表面，粒界の空孔濃度差に起因する。すなわち，焼結初期段階においては，粒子表面の曲率半径は小さく，強い表面張力が作用し，粒子表面や粒界における空孔濃度は粒子内部よりも高いと考えられる。とくに粒界付近の構造は，無秩序な状態であることから，原子のわずかな再配列によって空孔は移動することが容易である。

　下図は2個の粒子の焼結初期段階における焼結機構を示したものである。構成成分は空孔を通じて矢印のように粒界中心から表面に移動し，接合部を成長させる。この接合部の成長 x/r は（1）式によって示される。

$$\frac{x}{r} = \left(\frac{40\gamma a^3 D_v}{kT}\right)^{1/5} r^{-3/5} t^{1/5} \tag{1}$$

ここで γ は表面エネルギー，a^3 は拡散空孔の体積，D_v は粒界を除いた粒子内部の体積拡散係数である。（1）式から，接合部の成長 x/r は焼結時間 t の1/5乗の関数として増加することがわかる。粒子接合部が増大するにともない粒子どうしの中心距離は次第に短くなる。収縮率 $\Delta L/L_0$ および体積収縮率 $\Delta V/V_0$ は（2）式に示され，焼結時間 t の2/5乗に比例する。

$$\frac{\Delta V}{V_0} = \frac{3\Delta L}{L_0} = 3\left(\frac{20\gamma a^3 D_v}{\sqrt{2}\, kT}\right)^{2/5} r^{-6/5} t^{2/5} \tag{2}$$

焼結初期段階における収縮率 $\Delta L/L_0$ と焼結時間 t との関係をグラフ化すると，収縮率の経時変化は，その速度を次第に減少しながら見かけの最終密度に到達する。これを対数プロットすると直線関係がえられ，（2）式を満足する結果がえられる。一方，焼結後期段階では，粒界は表面エネルギーを減少させる挙動をとり，大粒子が小粒子を併合する粒成長過程が中心となる。

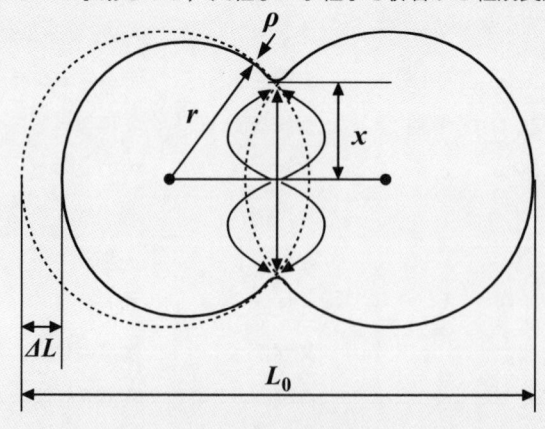

2粒子の結焼機構

7

汎用および高性能セラミックス材料

炭化ホウ素セラミックス（B_4C）の微構造の電子顕微鏡写真
（写真提供　美濃窯業（株）熊澤　猛氏）

最先端な非酸化物セラミックスとして炭化ホウ素（B_4C）がある。この物質の硬さはきわめて高く，ダイヤモンドに次ぐ硬さをもつ。また，熱膨張率が小さいことも特徴である。しかし，多結晶体は難焼結性で，焼結助剤を加えた液相焼結を利用して焼結させる。粒界には液相生成による2次析出物（白い部分）がみえる。

7.1 アルミナセラミックス（Al_2O_3）

アルミナセラミックスは，電気絶縁性，耐摩耗性，化学安定性に優れ，現在もっとも実用化が進んだ先進セラミックスである。アルミナの成分純度（2～4 N グレード）が高純度化するほど機械的性質や化学的耐久性は向上する。しかし，耐熱衝撃性（$\Delta T=200K$）および破壊靱性値（$K_{Ic}=2.7～4.2\ MPa\cdot m^{1/2}$）がほかのセラミックスより低く，使用上に注意が必要である。広範囲な実用化が進み，おもに液晶，半導体および太陽電池関連の電子機器製造装置の部品として使用されている（図7-1）。

アルミナの原料は，アルミニウムを含む主な鉱石であるボーキサイト（Al_2O_3含有量40%～60%，そのほかにSiO_2，Fe_2O_3，TiO_2などの成分を含む）である。そこでバイヤー法を用いてアルミナを精製する。ボーキサイトを水酸化ナトリウム（NaOH）熱水溶液中で250℃で洗浄する。この過程でアルミナは水酸化アルミニウム（$Al(OH)_3$）に変化し，以下の化学式に示すような反応によって溶解する。

$$Al_2O_3 + 2\ OH^- + 3\ H_2O \longrightarrow 2[Al(OH)_4]^-$$

この反応の際にボーキサイト中の不純物成分は溶解せずに固体の不純物としてろ過によって除去する。次に溶液を冷却し，溶けていた水酸化アルミニウムを白色の綿毛状固体として沈殿させる。これを1,050℃に加熱脱水してアルミナをえる。このバイヤー法でえられたアルミナには，ナトリウムが不純物として混入しやすい。

$$2\ Al(OH)_3 \longrightarrow Al_2O_3 + 3\ H_2O$$

アルミナの焼結性におよぼす原料粉末粒径の影響を図7-2に示す。焼成温度が1,700℃の場合であるが，原料粉末の粒径が小さいほどち密化している。しかし，アルミナにわずかにマグネシア（MgO）を添加することによって1,500℃付近まで焼結温度を下げることが可能になっている。これは，原料に添加したマグネシアとアルミナとが反応することによって高温で液相が生成し，この液相によって焼結が促進されるためである。こうした液相焼結によってえられる典型的な微細構造の一例を図7-3に示す。アルミナ粒子の間隙を連続したマトリックス相が埋めている。アルミナの焼結促進のために使用されるマグネシアの添加量はきわめて少ないために，マトリックス相は薄く，粒界相を形成する。

アルミナの単結晶であるサファイアは，機械的特性，熱的特性，光学特性，化学安定性に優れた透明材料である。ガラス，石英などの透明材料の中でも，きわめて優れた材料特性をもつ。アルミナの融点は2,050℃で高い耐熱性をもち，熱伝導率は42 W/m·Kと高く，ビッカース硬度は22.5 GPa，モース硬度9とダイヤモンドに次ぐ硬さをもつ。光学的には紫外線から赤外線までの広い波長範囲で高い透過率を示す。この単結晶を安価に大量に作製する場合にはベルヌーイ法で行われるが，大型のものを作製するにはEFG法によって行われる。人工宝石としては，アルミナ単結晶に微量のクロム（Cr）が混入すると赤く発色してルビーに，鉄（Fe）とチタン（Ti）が混入すると青く発色してサファイアになる。

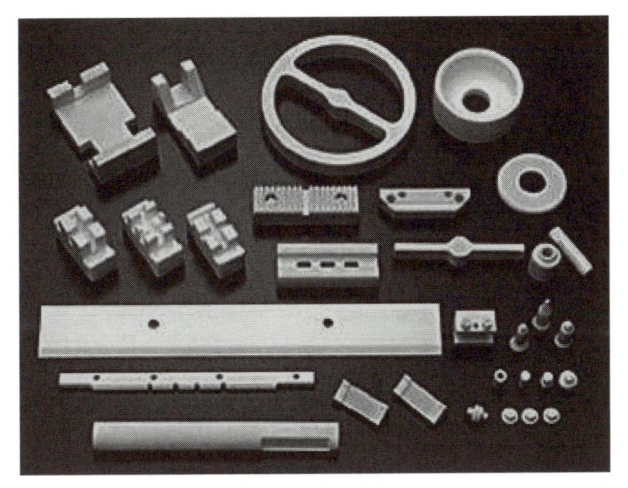

図7-1 各種アルミナ製品の応用例（写真提供：美濃窯業(株)）

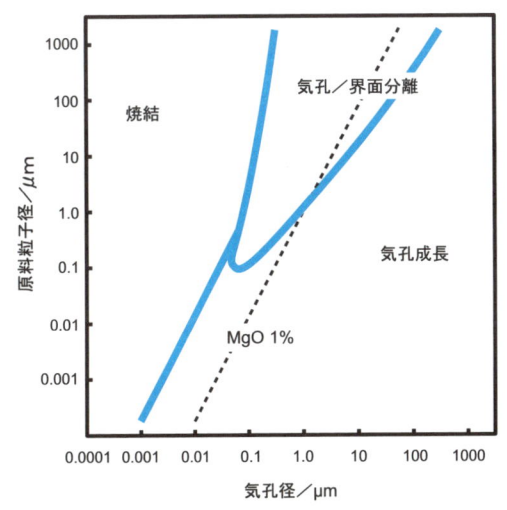

図7-2 アルミナの焼結性におよぼす原料粉末粒径の影響

一般に粒成長すると粒子内に閉気孔が残り，それを粒界まで空孔拡散させて，閉気孔を消滅させるには困難となる。アルミナの焼結においてMgOを添加すると粒成長を抑制し，閉気孔を残さないように焼結が進行するため緻密化が起こる。

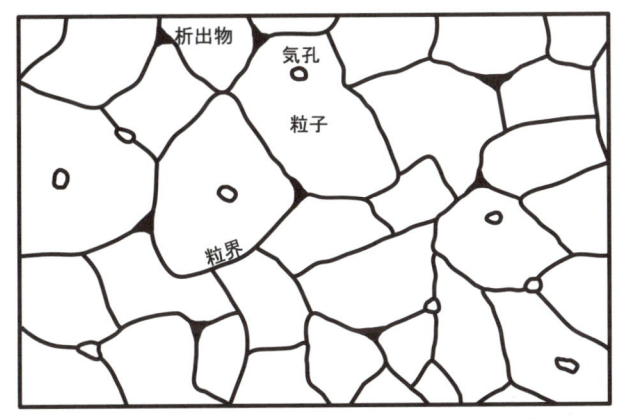

図7-3 液相焼結によってえられる典型的な微細構造の一例

焼結助剤の添加によって，焼結時に焼結体粒子よりも低融点な化合物が生成し，粒界に液相生成して焼結性を高める。このように液相が粒界に生成するため，焼結体に占める粒界の体積は大きくなる。

7.2 ジルコニアセラミックス（ZrO_2）

酸化ジルコニウムをジルコニアといい，2,700℃近い高融点の物質で，低熱伝導率，耐熱性，耐食性，高い機械的強度などの多くの機能を有している。このような性質をもつことから，耐熱性セラミックス材料に利用されている。また，ジルコニア単結晶は透明でダイアモンドの屈折率に近い値をもつことからキュービックジルコニア（cubic zirconia; CZ）として宝飾品に用いられる。

ジルコニアの特徴は，室温では単斜晶の結晶構造をとるが，温度を上げていくと正方晶および立方晶へと相転移する。とくに1,150℃付近の単斜晶から正方晶への相転移において約6%の体積変化をともなうことから，ジルコニアセラミックスを加熱と冷却とを繰り返すとやがて破壊に至る（図7-4）。そこで多くのジルコニアセラミックスは添加物を加えて固溶体を形成させ，温度を上げても相転移を起こさないようにしてある。一般的には酸化マグネシウム（MgO），酸化カルシウム（CaO）や酸化イットリウム（Y_2O_3）などのアルカリ土類酸化物や希土類酸化物を混ぜる。これらを安定化剤と呼ぶ。これらの安定化剤が結晶に十分な量を固溶すると，立方晶および正方晶のジルコニアは転移を起こすことがなくなり，室温でも安定または準安定となり，加熱・冷却による破壊を抑制できる。このような安定化剤を4～15%程度固溶させたジルコニアセラミックスを「安定化ジルコニア（SZ：stabilized zirconia）」および「部分安定化ジルコニア（PSZ：partially stabilized zirconia）」という。安定化したジルコニアは，純粋なジルコニアに比べて機械的強度および破壊靭性に優れている。これは破壊の原因となる亀裂の伝播を正方晶から単斜晶に相変化することで，亀裂の伝播を阻害し，亀裂先端の応力集中を緩和するためである。この挙動を「応力誘起相変態強化機構」という（図7-5）。さらに結晶の相変化を完全に抑制した安定化ジルコニアよりも，安定化剤の量を減らして立方晶および正方晶が共存している部分安定化ジルコニアのほうが機械的特性に優れている。現在，市販されているセラミックはさみやセラミック包丁などには部分安定化ジルコニア（PSZ）が用いられている。

高強度セラミックスには，ジルコニア-アルミナ複合材料がある。これは酸化イットリウムで準安定化したジルコニアに20～30 mol%のアルミナを複合させたもので，ジルコニアやアルミナの機械的強度よりも高いのが特長である。これは複合化によって焼結の際の粒子成長が抑制されるためである。また，破壊の際に亀裂がアルミナ粒子を迂回するように進展するため，破壊エネルギーが高くなる。この現象は焼結の際に室温に複合焼結体を戻す際にアルミナとジルコニアとの体積収縮の差から，アルミナに圧縮応力が，ジルコニアに引っ張り応力がそれぞれ残り，亀裂が進展する際に準安定なジルコニアに相転移が生じて体積膨張してアルミナに圧縮応力を伝達するため，高強度なセラミックスが得られる。

一方，完全に安定化したジルコニア $Ca_{0.15}Zr_{0.85}O_{1.85}$ は，結晶中に酸化物イオン空孔（Vacancy）が形成され，これがキャリアとなってイオン伝導性をもつ。これは固体電解質となり，酸素センサおよび燃料電池の電極材料に用いられている（図7-6）。

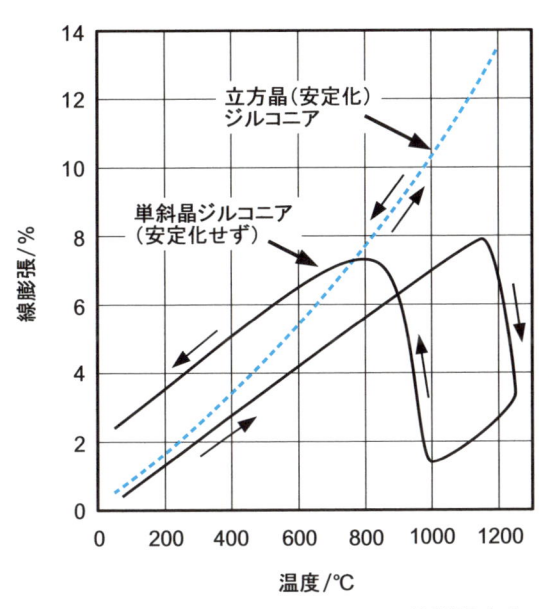

7 汎用および高性能セラミックス材料

図7-4 ジルコニアセラミックスの熱膨張変化

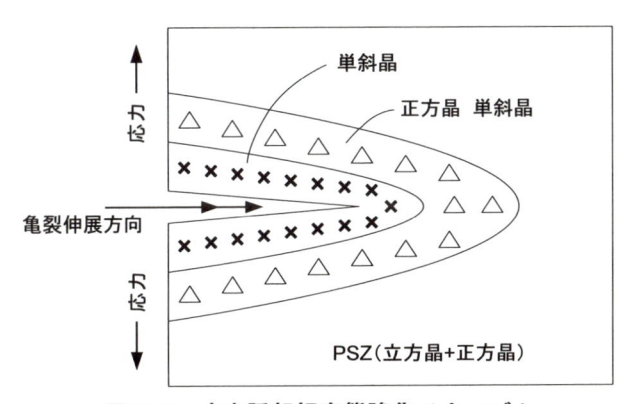

安定化していない単斜晶ジルコニアを加熱していくと約1,200℃で急激な熱膨張率の低下（約6%）がみられ，これを冷却していくと800〜1,000℃で逆に急激な熱膨張率の増大が起こる。この特異な変化はジルコニアの単斜晶から正方晶への結晶転移によるものである。一方，安定化剤をくわえた立方晶ジルコニアの場合には加熱および冷却しても熱膨張率には単斜晶ジルコニアのような特異な変化は見られない。

図7-5 応力誘起相変態強化メカニズム

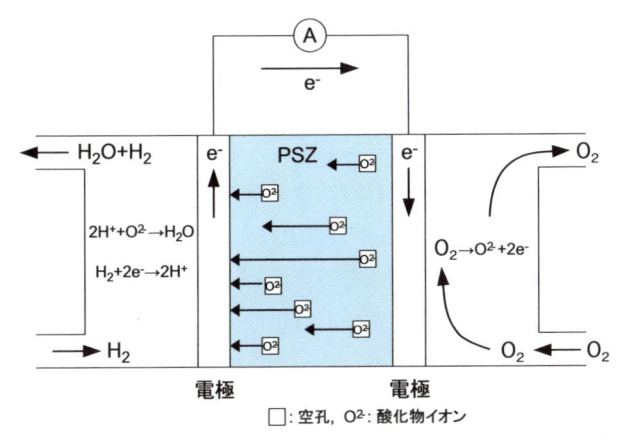

図7-6 固体電解質（$Ca_{0.15}Zr_{0.85}O_{1.85}$）燃料電池としての応用例

反応式:
$2H^+ + O^{2-} \rightarrow H_2O$
$H_2 + 2e^- \rightarrow 2H^+$
$O_2 \rightarrow O^{2-} + 2e^-$

□：空孔，O^{2-}：酸化物イオン

7.3 二酸化チタン（TiO_2）

二酸化チタンには，ルチル形（金紅石），アナターゼ形（鋭錐石），ブルッカイト形（板チタン石）の3つの異なる多形が存在する。このうち，工業材料として使われているものは，ほとんど場合ルチル形またはアナターゼ形である。熱的にはルチル形が安定的に存在し，アナターゼ形は約900℃の加熱によってルチル形に結晶転移する。ルチル形はアナターゼ形よりも屈折率が高いこと（屈折率2.7）などから，塗料用顔料，プラスチック着色，インキ，製紙，着色料，UVカット化粧品などに利用されている。また，二酸化チタンにとくに有名な特性である光触媒性能はアナターゼ形のほうが紫外線吸収能に優れている。そのため，光触媒にはアナターゼ形二酸化チタンを利用する。

そこで二酸化チタンの光触媒性能を説明する（図7-7）。電子が外部エネルギーによって価電子帯から伝導帯へあがることを励起といい，電子が励起されると電子の数に等しい電子の抜け穴である正孔（h^+；ホール）が価電子帯に生成する。この励起に必要なエネルギーをバンドギャップ E_g（energy gap）という。ルチル形の E_g は3.0 eVであることから約413 nm以下の波長の光を当てることにより価電子帯の電子を伝導帯に引き上げることができる。一方，アナターゼ形の E_g は3.2 eVで約388 nm以下の光を必要とする。このことから，光触媒の二酸化チタンに利用される光は約388 nm以下の近紫外光ということになる。このような励起された電子は正孔と再結合してすぐに消えてしまう。しかし，二酸化チタンの場合，生成した電子（e^-）と正孔（h^+）の一部は再結合するが，表面にある空気中の水と反応して，正孔は水を酸化してヒドロキシラジカル（・OH）になり，電子は空気中にある酸素と反応してスーパーオキサイドアニオン（・O_2^-）になる（図7-8）。このように生成したヒドロキシラジカルとスーパーオキサイドアニオンとが光触媒性に関与する。とくにヒドロキシラジカルは非常に強い分解力をもつ。これは消毒や殺菌に使っている塩素や次塩素酸，過酸化水素，オゾンなどより強い分解力をもつ。この光触媒の分解力が有機化合物を構成する分子の結合エネルギーより大きいため，有機物化合物を最終的に無害な二酸化水素と水にまで分解する。このように光触媒の強力な分解機能で汚れを分解したり，微生物を殺菌したりなどの働きをする。

光触媒の抗菌効果は細菌や微生物を死滅させることのみならず，死骸の細胞壁やその分泌物まで分解できることから，銀系抗菌剤に比べて優れている。また，カビ胞子は空気中のどこにでも漂っている。カビが成長してしまって光が光触媒の表面に届かなくなってからでは遅いが，初期の胞子を分解できれば抗カビ効果も期待できる。

光触媒による分解機能のなかで最も期待されているのはセルフクリーニング（自己浄化）機能である。建造物の屋外に光触媒を設置する（タイル等にコーティングする）と，太陽の光が当たることによって汚染物質中の有機成分を分解し，付着力を低下させる。付着力の低下した汚染物質は，雨水で自然に流れ落とす。高層ビルなどの美観を保つこととそのメンテナンスコストの低減につながる。

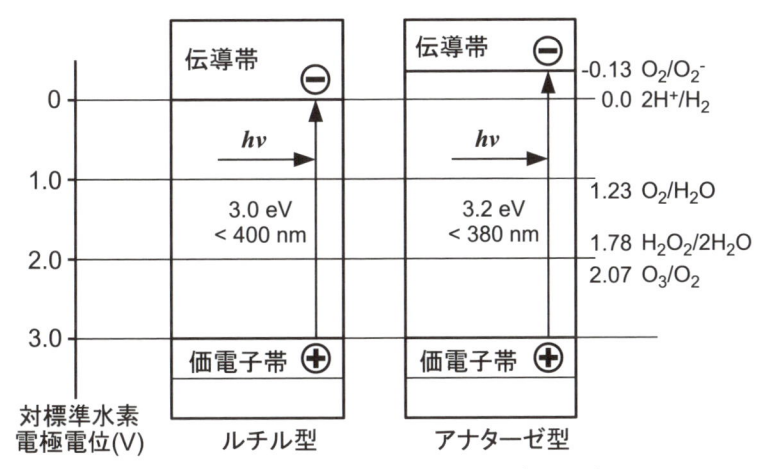

図7-7 二酸化チタンのバンドギャップ

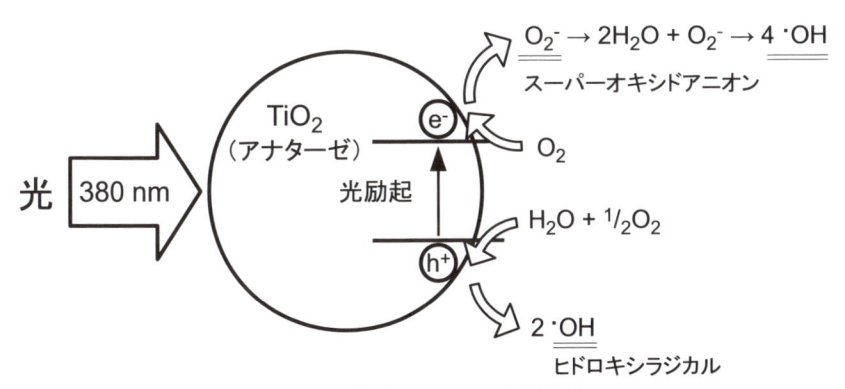

図7-8 二酸化チタンの光触媒性能

二酸化チタンの超親水性

　二酸化チタンには，近年発見された親水機能がある。この親水機能を利用することで，曇らない鏡やガラスを作ることができる。親水機能のメカニズムは，二酸化チタンにはもともと親水性があり，光触媒の強力な分解力で表面に付着している撥水性のある有機物を分解し，常に表面がクリーンに保たれるために親水機能が発揮されるといわれている。また，光触媒の表面に光が当たることによって起こる二酸化チタンの表面構造変化によるともいわれている。

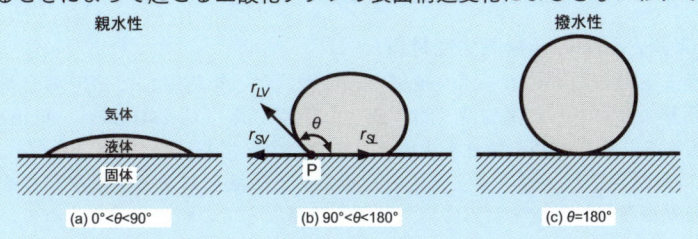

(a) $0° < \theta < 90°$　　(b) $90° < \theta < 180°$　　(c) $\theta = 180°$

7.4 非酸化物系セラミックス

非酸化物系セラミックスは，おもに炭化物，窒化物，ホウ化物系化合物のセラミックスの総称である。これらは一般に共有結合性の高い物質で，融点が高く，機械的強度に優れることから，高温材料セラミックスやエンジニアリングセラミックスとして利用されている。先進非酸化物セラミックスの代表的な材料には，炭化ケイ素（SiC），窒化ケイ素（Si_3N_4），窒化アルミニウム（AlN），窒化ホウ素（BN）およびサイアロン（Si_3N_4–AlN–Al_2O_3 系固溶体）がある。炭化ケイ素や窒化ケイ素は，高温材料として特性に優れていることから，エンジン（渦流室），ターボチャージャのタービンホイール，ガスタービンなどの部品に利用されている。とくに β 型炭化ケイ素（β-SiC）および立方晶型窒化ホウ素（c-BN）はダイヤモンド構造をとり，ダイヤモンドに次ぐ硬度を有し，切削工具等に利用されている。また，炭化タングステン（WC）は研磨材として利用されている。さらに窒化アルミニウムは，絶縁性で高い熱伝導率をもつことからIC基板等への利用も期待されている（表7-1）。

非酸化物の原料調製では，気相法による直接炭化や直接窒化，還元窒化などの方法によって原料粉体を得る。非酸化物系セラミックスは共有結合性が高いために難焼結性となり，ち密な焼結体を作製するには，焼成雰囲気，温度，焼結助剤などの焼結条件を管理する必要がある。一般的な酸化物セラミックスは大気中で容易に焼成できるが，非酸化物系セラミックスの場合，酸化を防ぐために不活性ガスや真空中で成形体を高温焼成する。また，焼結性の向上のために，焼結と化学反応を同時に行う反応焼結法，圧力を加えながら加熱するホットプレス法や熱間静水圧プレス（HIP）法なども用いられている。

非酸化物セラミックスの特長は高温状態での強度特性にあり，図7-9に示すようにアルミナやジルコニアのようなイオン性結晶では高温状態でその強度は低下していくが，非酸化物セラミックスの場合には，1,000℃を超えるような温度でも強度低下は起こらない。また，セラミック繊維／セラミック複合材料でもカーボン繊維／炭化ケイ素系複合材，炭化ケイ素繊維／炭化ケイ素系複合材などが作製され，セラミックスの欠点である脆性を克服した硬度，強度および靭性をあわせもつ材料が開発されている。

近年では，オプトエレクトロニクス材料や環境対応材料として新しい用途が見いだされている。パワーデバイス用の炭化ケイ素単結晶，ディーゼルエンジン用黒鉛粒子除去フィルター（DPF），酸窒化物として窒化ガリウム青色発光LED用の蛍光体，などがあげられる。

エコマテリアルとしての軽量高強度材料

近年，アラミド繊維などのカーボン繊維やSiC繊維などを利用したFRP複合材料が開発され，ガラス繊維よりもさらに高強度（約4 GPa），高弾性率（約240 GPa），低比重（約1.8）などの性質をもち，金属材料の特性を上回る。また，カーボン繊維やSiC繊維などを利用したFRC複合材料も開発され，セラミックスの短所である破壊に対する強度や靭性を大きく改善している。自動車産業，航空・宇宙産業，原子力産業などでの利用が期待されている。

表 7-1　各種非酸化物系セラミックスの特徴と応用例

材質	特徴	用途
Si_3N_4	耐熱性，耐熱衝撃性，化学安定性	高温構造部材
SiC	耐熱性，耐摩耗性，耐薬品性	半導体製造装置部品
サイアロン	高強度，耐熱衝撃性，耐摩耗性	ベアリング，ガイドローラー
h-BN	耐熱性，潤滑性	ガイドローラー
c-BN	高強度，耐熱衝撃性，耐摩耗性	高温構造部材

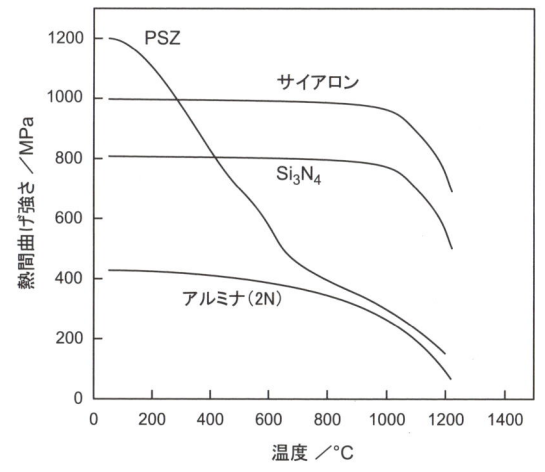

図 7-9　非酸化物および酸化物セラミックスの高温における機械的強度の変化

発光ダイオードを用いた白色化蛍光体

発光ダイオード（LED）は，長寿命，低消費電力，高信頼性等の優れた長所をもち，しかも小型化，薄型化および軽量化が可能であることから，各種機器の光源として用いられている。とくに LED 白色光は，信頼性・小型化・軽量化が望まれる車載照明や液晶バックライト，さらには一般家庭の白色電球や蛍光灯に代わる室内照明とし，環境にやさしい照明として期待されている。

LED の白色化には，（1）紫外 LED の紫外線によって励起され，それぞれ赤色（R），緑色（G）および青色（B）の蛍光を放出する三種類の蛍光体を組み合わせて蛍光体から放出される三色を混ぜる方法，（2）青色 LED と，その青色光によって励起され，青色光とその補色の関係にある黄色の蛍光を放出する蛍光体とを組み合わせ，青色（B）と黄色（Y）を混ぜる方法，とがある。

とくに酸窒化物系蛍光体は，紫外から可視光に広範囲の強い吸収帯をもち，既存の蛍光体に比べて優れた耐久性をもつ。たとえば，青色 LED（460 nm 発光）を用い，赤色蛍光体 $CaAlSiN_3$：Eu（650 nm 赤色発光）と緑色蛍光体 β-サイアロン：Eu（540 nm 緑色発光）とを組み合わせて蛍光体を励起すると演色性に優れた白色光がえられる。

7.5 カーボン系セラミックス

炭素は共有結合性物質で，その結合状態で数種の同素体を形成する。炭素どうしが sp^3 混成軌道を形成して3次元的な結晶構造を形成するとダイヤモンドとなり，sp^2 混成軌道と π 電子を形成して平面正六角形の構造を形成するとグラファイトになる。また，これらの2つの構造が混在したアモルファス状態としてカーボンブラックや活性炭がある。

(1) ダイヤモンド

等軸晶系の正八面体構造をもち，(111)面のへき開がある。モース硬度10，密度3.51 g/cm^3 で，白色または無色である。空気中では710〜900℃で燃焼し，燃焼熱は395 kJ/mol である。酸やアルカリに侵されない。ダイヤモンドは，近年人工的に結晶を量産できるようになったが，大きいものでも約4 mmで，用途は研削工具，研磨剤である。

(2) グラファイト（黒鉛）

天然に産出するものは，六方晶系で，鱗状，粒状，塊状となっている。へき開底面は完全で薄片となり，硬度1〜2，密度1.9〜2.3 g/cm^3，ろう状の感触があって曲がりやすい。酸には溶けない。一般に変成岩中に産するが，現在では人工的に多量につくられ，無煙炭，ピッチなどが原料となる。

(3) 無定形炭素

コークス，ガス炭，木炭，ガスカーボンなどは無定形炭素であるが，これらは黒鉛と同じ六方平面格子が乱雑な配列をした小結晶の集まり（凝集体ストラクチャー）である。無定形炭素は黒色不透明で粗い，その表面積を高くしたものは気体や液体や塩類をよく吸着する。カーボンブラックは黒色無機顔料として大量に利用されている。

(4) フラーレン

60個の炭素原子でできた安定なC60分子が発見され，その分子構造は12個の5角形と20個の6角形からなるサッカーボール型で閉じた結合状態である。C60分子の直径は約0.7 nmで，分子内に金属イオンや小さい分子を取り込む余地がある。C60は空気中で安定であり，真空中でも600℃以上に加熱しても壊れないので，昇華法で精製することができる。C60が安定で反応性に乏しいのは，芳香族分子であることのほかに，分子に端がないことがあげられる。また，分子内の炭素原子がすべて等価で，p電子密度に偏りがないことも安定性に寄与しているといわれている。C60は絶縁体であるが，いろいろなアルカリ金属を添加すると，金属的性質や超伝導体にもなる。C60は黒鉛と同様に不飽和の結合をもつ同素体であるが，その性質には大きな違いがある。

(5) カーボンナノチューブ

アーク放電中で炭素を蒸発させると，フラーレンの他にカーボンナノチューブも生成する。グラファイトの各層が入れ子構造で積層したチューブを形成し，その先端はフラーレンと同じように5員環と6員環とで閉じている。カーボンナノチューブはナノカプセル材料や触媒などへのさまざまな展開が期待されている新材料である。

表 7-2　各種カーボン材料の用途と特長

名称	利用用途・開発用途	特長
ダイヤモンド	ダイヤモンド薄膜，切削工具，研磨剤，電子材料（半導体，基板材料）	高硬度，高熱伝導率
グラファイト	潤滑材料，鉛筆の芯，カーボン系耐火物，2次電池負極材料（LiC_6），中性子減速材	潤滑性，層間構造
無定形炭素	黒色顔料，タイヤ用着色添加剤，プリンター・コピー機のトナー材料	分散性，表面機能性
活性炭	脱臭剤，空気清浄機，各種フィルター，浄水器，上水処理，有機物の選択吸着剤，キャパシタ用材料	植物質の原料を加熱して賦活化処理する。多孔性
フラーレン	金属内包フラーレン（金属的性質），ナノ潤滑剤，医薬品（HIV プロテアーゼ阻害剤），化粧品（活性酸素阻害剤）	構造，表面機能
カーボンナノチューブ	電子デバイス（電界放出ディスプレイ用負極材等），半導体材料，透明導電膜，燃料電池材料，キャパシタ用材料，軽量高強度構造材料	電気特性，構造，高熱伝導特性，高機械強度
炭素繊維（複合材料も含む）	スポーツ器具材料，航空・宇宙用構造材料，自動車（ブレーキなど）	高弾性，高強度，軽量，耐熱性

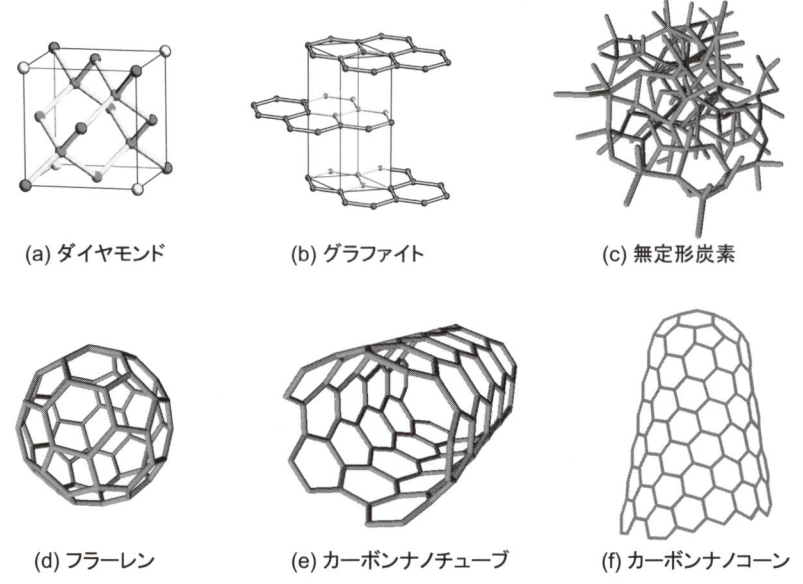

(a) ダイヤモンド　　(b) グラファイト　　(c) 無定形炭素

(d) フラーレン　　(e) カーボンナノチューブ　　(f) カーボンナノコーン

図 7-10　カーボン系セラミックスの構造

電気二重層キャパシタおよび2次電池に利用されるカーボン材料

電気二重層キャパシタとは，コンデンサ（静電気容量によって電荷を蓄積・放出する受動素子）の高出力と2次電池の高エネルギーとを併せた蓄電デバイスである。その特徴は，2次電池に比べて短時間で大電流の充放電が可能なことである。そのため，バックアップ電源やハイブリッド車の電源として用途拡大が期待されている。この電気二重層キャパシタの電極材料として活性炭，コークス，グラファイトおよびグラフェン（カーボンナノチューブ）のカーボン多孔性材料が用いられ，電解質イオンを材料表面の吸脱着反応によって充放電を行う（図2-8参照）。

リチウムイオン2次電池の負極材料には，グラファイトの層間構造を利用し，その層間にリチウムイオンを挿入した高結晶性グラファイト構造のLiC_6がある。パソコンや携帯電話用の2次電池分野において軽量・小型・長寿命という特性が望まれる中，高容量・高性能の負極材料として注目され，今後は自動車用およびコジェネレーションシステム用2次電池としての利用も期待される。

色素増感太陽電池に重要な二酸化チタン

色素増感太陽電池は，1991年にスイス連邦工科大学のマイケル・グレッツェル教授によって開発された。この電池の仕組みはシリコン太陽電池とは異なり，pn接合をもたない。仕組みは簡単で，色素を表面吸着させた二酸化チタンをヨウ素の入った電解液に分散させるだけである。透明電極膜を通った光は，色素の電子を励起し，それを二酸化チタンに伝える。二酸化チタンに溜まった電子は透明電極膜を経て外部回路へと移動する。一方，色素の電子を励起によって生じた正孔は電解液（$I_2 \rightarrow 2I^- + 2e^-$）から電子を受け取る。その後，外部回路を通ってきた電子は最終的に電解液（$2I^- + 2e^- \rightarrow I_2$）に戻る。色素増感太陽電池の特長は，色素を変えるとマルチカラー化が可能になり，ファッション性やデザイン性に優れる点である。耐久性が改善されれば，低コストの太陽電池として普及するだろう。

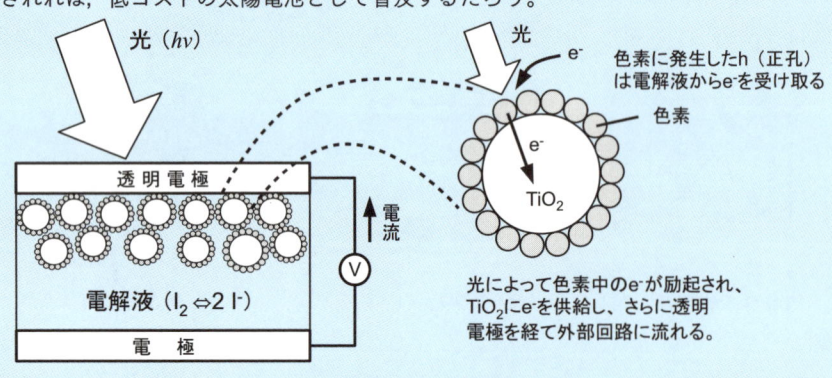

色素増感太陽電池の原理

8

環境・エネルギー・生命と
セラミックス材料

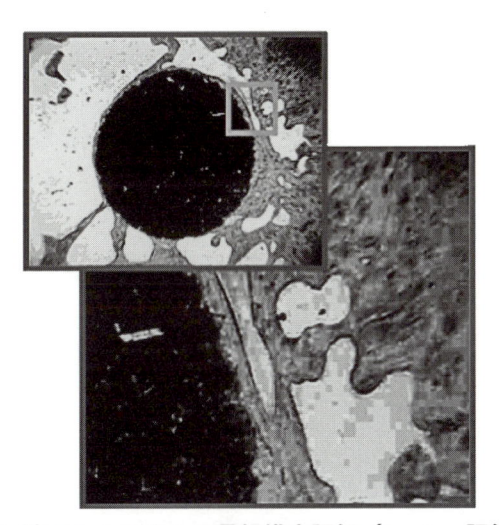

リン酸三カルシウムの骨組織内評価（*in vivo* 評価）

写真の中心の黒い部分がリン酸三カルシウムセラミックスで，白い部分が骨組織，薄い紫色の部分が骨細胞である。リン酸三カルシウムセラミックスが吸収されて輪郭に凹凸が見られる。また，材料組織の周りには繊維性組織形成による異物反応（カプセル化）もなく，骨組織および細胞が直接接着している。

8.1 環境・エネルギー関連セラミックス

現在,世界の多くの産業分野では,地球温暖化,異常気象,環境汚染,資源の枯渇化などの資源環境問題が大きな課題となっている。地球環境が変化すると人類や生態系に大きな影響をおよぼすことから,地球規模での環境保全を念頭においた科学および材料技術,すなわち省資源および資源の有効活用,環境に関連した新素材・新材料の創製,廃棄物のリサイクルなどの低炭素社会実現への新技術が強く求められている。エコマテリアルとは,環境保全を意識した地球や人に優しい材料をさし,新エネルギー・省エネルギー・省資源・未利用資源利用・環境保全に関連した材料分野として近年注目されている。表8-1にエコマテリアルの分類を示す。セラミック材料も多くの産業分野において環境関連材料として非常に注目されている。今後は負荷を軽減し,継続的な発展を可能とする資源・材料サイクルの環境評価(LCA:life cycle assessment)も必要となる(1.3参照)。ここでは,将来を含めた環境・エネルギー関連セラミックスについて概説する。

新エネルギー政策では,化石燃料を使用しない,クリーンで無公害,しかも半永久的である太陽エネルギーが地球環境・エネルギー問題を解決できる新しいエネルギー源として期待され,太陽電池等が急速に発展している。さらに水素や炭化水素,メタノールなどの可燃性ガスと酸素ガスとの燃焼反応の化学エネルギーを電気エネルギーに変換する燃料電池が無公害,騒音も出ないことから都市型の小規模分散型の電源として,また,これらの電力を一時的に貯蔵するリチウムイオン電池やNAS電池が注目されている。

(1) 太陽電池

太陽の光エネルギーを直接電気エネルギーに変換する発電装置である太陽電池は,導電性の異なるp型半導体(Pドープ)とn型半導体(Bドープ)を接合(pn接合)した構造が基本である。光エネルギーを受けて接合部に大量に発生した電子と正孔の対は,それぞれn型半導体,p型半導体へと移動することによって両端に電位差が生じる。この現象を光起電力効果(photovoltaic effect)という。ここで両半導体を外部回路で結ぶと電流が流れる(図8-1)。太陽電池は,① 太陽光スペクトルと太陽電池の感度スペクトルの整合性,② 太陽エネルギーの密度は小さいので大面積が必要,③ 汎用電源と競合できる低価格,などの条件を満たさなくてはならない。代表的な材料は,結晶質シリコンやアモルファスシリコン(a-Si)がある。蒸着またはスパッタ法によって作成されるa-Siは,Si原子から伸びる未結合手(ダングリングボンド)が多いために,局在準位が生じて価電子制御が困難となりpn接合がつくれない。しかし,SiH_4をグロー放電してえたa-Siは,未結合手に水素が結合した水素化アモルファスシリコン(a-Si:H)となり,ダングリングボンドがほとんどなく,そのために局在電子密度が小さくなり,価電子制御できる。光-エネルギー変換効率は,単結晶Si太陽電池で約20%,多結晶Siで約15%であり,製品寿命が長いという利点をもつ。一方,a-Siでは約12%と効率は少し劣る。しかし,a-Siには,① 大面積化が容易である,② 製造コストが低い,③ 薄膜でも十分な性能を発揮する,④ 集積化が可能である,などの利点をもつ。

8 環境・エネルギー・生命とセラミックス材料

表 8-1 エコマテリアルの分類（セラミックス編）

環境問題	エコマテリアルへの要求特性	エコマテリアル
温暖化防止	二酸化炭素の排出削減，化石燃料の利用削減，低炭素社会の実現，省電力，省エネルギー	二酸化炭素を排出しない発電（太陽電池，燃料電池），電池材料（2次電池），白色LED，省電力・省エネルギー電気機器の新材料，熱電変換素子，CO_2固定化剤，蓄熱・遮熱材料，超伝導体
廃棄物問題	廃棄物の削減，リサイクルの有効利用，ゴミ焼却灰等の有効利用，廃材の再利用	廃棄物リサイクルによる再生材料（セメント，各種希少金属材料），ガラス容器のリサイクル
オゾンホールの拡大問題	代替フロン，フロンの安全な分解処理	フロン系有機物の分解触媒
酸性雨問題	大気汚染物質（SOx，NOx）の削減	自動車の排ガス触媒，大気汚染物質の除去（脱硫剤，脱硝剤，光触媒）
水質・海洋汚染問題	水質汚染物質の削減	水質浄化剤（ゼオライト，活性炭，イオン交換体）下水汚泥焼却灰の再生材料，船底塗料用顔料
有害物質	有害物質（6価クロム，水銀，鉛，カドミウム等）・毒性物質（毒性元素）の使用禁止，放射性物質の固化	無鉛ガラス（鉛フリー），無水銀電池，無鉛はんだ，無亜酸化銅船底塗料，ノンクロムのメッキ，無機顔料（カドミフリー，鉛フリー），放射性物質固化ガラス
資源の枯渇	省資源，希少元素の有効利用	希少元素に代わる化学組成の新材料，未利用資源を利用した新材料
生活空間のアメニティ	生態系への配慮，生活の質の向上	光触媒，無機系抗菌剤，抗カビ剤，消臭剤，脱臭剤，VOCの吸着・分解，撥水・親水材料

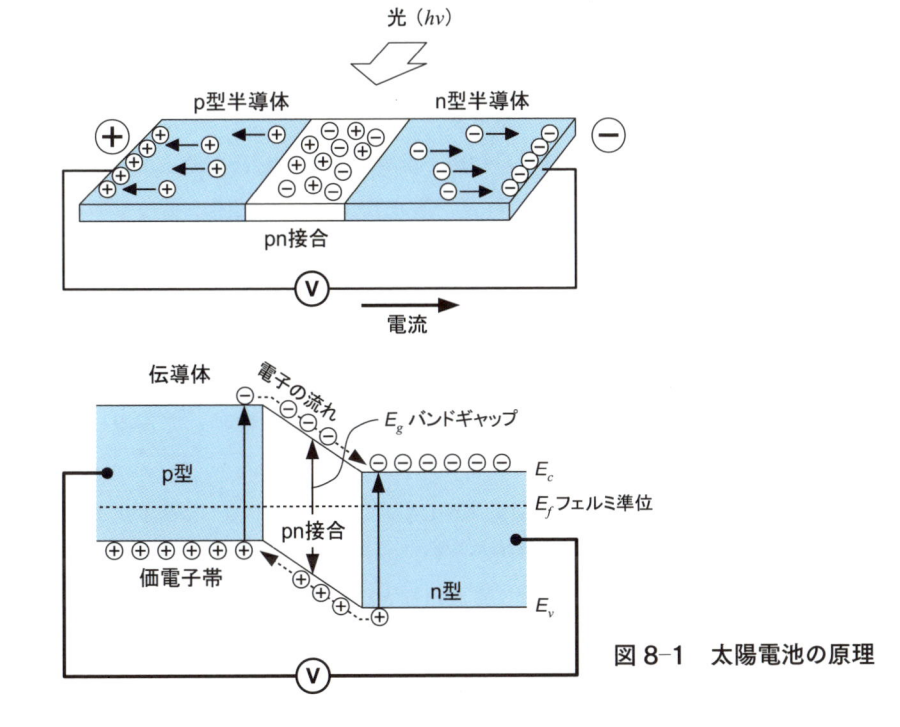

図 8-1 太陽電池の原理

シリコン系以外の太陽電池として，CdTe 型等の化合物系太陽電池がある。多結晶 Si のエネルギー変換効率にはおよばないものの a-Si と同程度の変換効率をもつ。化合物系太陽電池には，このほかに CIS（Cu–In–Se）型または CIGS（Cu–In–Ga–Se）型がある。原理はシリコン系太陽電池とおなじ pn 接合によるものである。この化合物系太陽電池はシリコン系太陽電池以上の変換効率が期待でき，実験室レベルでは 40% を超えるものも報告されている。しかし，シリコンよりも原料が高価なこととモジュール化が難しいこともあり，人工衛星などの電源としては利用されているが一般的な普及率は低い。

このほかに二酸化チタンの周りに色素を複合化した色素増感太陽電池がある。これは pn 接合を利用しない太陽電池で，グレッツェル型太陽電池と呼ばれている。製造コスト等は結晶 Si 太陽電池にくらべて格段に安価であり，実験室レベルでのこの太陽電池の変換効率は a-Si と同程度の変換効率（約 12%）をもつ。しかし，色素や電解質などに耐久性がないことから，他の太陽電池に比べて商品化は遅れている（p104 コラム参照）。

これまで太陽電池は，電卓，時計，携帯電話などのエレクトロニクス製品を中心にした民生用製品の電源として，また街路灯や夜間の交通指示灯などの独立電源や電力用システムへ拡大してきた。今後は個人住宅，集合住宅，電気自動車などの中・大規模太陽光発電システムへと拡大することが期待される。

(2) 燃料電池

燃料電池（Fuel Cell）は，自動車や家庭用の電力源として期待され，その発電方式もさまざま開発されている。電解質として酸やアルカリ水溶液，あるいは有機高分子イオン交換膜を用いる低温型（200℃ 以下），溶融塩を用いる中温型（300～700℃），固体電解質を用いる高温型（1,000℃ 前後）がある（表 8-2）。ここではセラミックスを固体電解質として用いる固体酸化物型燃料電池（SOFC）を中心に説明する。

SOFC の発電原理は水の電気分解の逆反応である。すなわち，酸素と水素から水が生成する際に発生する電圧を利用する。その基本的構造は他の電池と同様であり，正極（空気極）と負極（燃料極）にはさまれた固体電解質からなる。ただし，燃料電池は常に燃料を供給しなければならず，また，活物質自身に電子伝導性がある材料を使用する必要がある。その動作原理を図 8-2 に示す。(a) は電解質が酸化物イオン導電体の場合である。正極から入った酸素（O_2）が，外部回路から入った電子を取り込んで酸化物イオン（O^{2-}）となり，その酸化物イオンが電解質中を移動して負極に達し，そこで水素（H_2）と反応して水（H_2O）を生成する。このとき，外部回路に放出される電子を酸化物イオンの生成に利用する。一方，(b) は電解質がプロトン伝導体の場合である。水素は負極で電子（e^-）を放出してプロトン（H^+）となり，このプロトンが電解質中を移動して正極に達し，そこで水が生成する。

SOFC 用の電解質に求められる特性には，①イオン電導性が高い，②電子伝導性を示さない，③物理・化学的に安定，④分解電圧が高い，⑤活物質と反応しない，などが挙げられる。このほかにも安価・無害・耐食性に優れるなどの性質が必要である。これらの条件

表 8-2　各種燃料電池の特長

		固体高分子型 （PEFC）	リン酸型 （PAFC）	溶融炭酸塩型 （MCFC）	固体酸化物型 （SOFC）
作動温度/℃		80～100	190～200	600～700	800～1,000
燃料		H_2	H_2	H_2, CO	H_2, CO
電解質	電解質材料	イオン交換膜（膜）	リン酸（マトリックスに含浸）	Li_2CO_3, K_2CO_3（マトリックスに含浸）	安定化ジルコニア（薄膜）
	移動イオン	H^+イオン	H^+イオン	CO_3^{2-}イオン	O^{2-}イオン
反応	燃料極	$H_2 \rightarrow 2H^+ + 2e^-$	$H_2 \rightarrow 2H^+ + 2e^-$	$H_2 + CO_3^{2-} \rightarrow H_2O + CO_2 + 2e^-$	$H_2 + O^{2-} \rightarrow H_2O + 2e^-$
	空気極	$1/2 O_2 + 2H^+ + 2e^- \rightarrow H_2O$	$1/2 O_2 + 2H^+ + 2e^- \rightarrow H_2O$	$1/2 O_2 + CO_2 + 2e^- \rightarrow CO_3^{2-}$	$1/2 O_2 + 2e^- \rightarrow O^{2-}$
発電効率/%		30～40	40～45	50～65	50～70

(a) 酸化物イオン導電体
　　（安定化ジルコニア）

(b) プロトン導電体
　　（リン酸塩ガラス等）

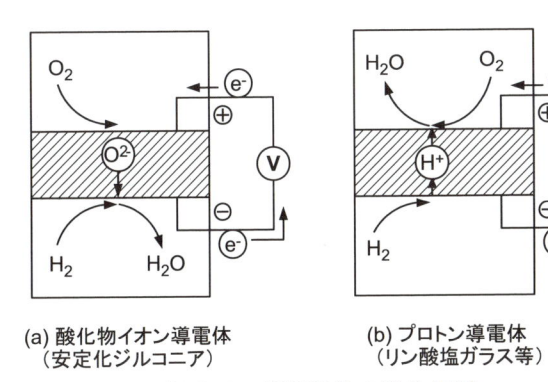

図 8-2　燃料電池の動作原理

正極: $xS + 2Na^+ + 2e^- \rightarrow Na_2S_x$
負極: $2Na \rightarrow 2Na^+ + 2e^-$

（約2V）

β-Al_2O_3 ($NaO \cdot 11Al_2O_3$)

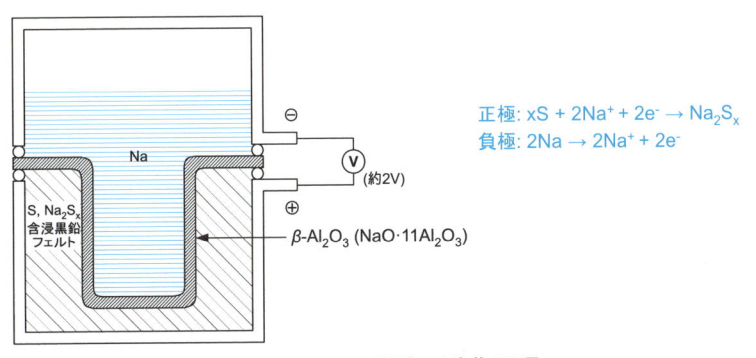

S, Na_2S_x 含浸黒鉛フェルト

図 8-3　NAS電池の動作原理

を満足する物質として，酸化物イオン導電体として希土類元素を添加したZrO_2セラミックスが知られている。このZrO_2セラミックスは，温度が高いほどイオン導電性が良好となり，約1,000℃において約100％のイオン伝導体となる。現在もっとも有望なものは，10 mol％程度のY_2O_3を添加したZrO_2（安定化ジルコニア）であり，室温から作動温度までの広い範囲において立方晶蛍石型構造を有し，その構造中に生成する酸素空孔（□）を介して酸化物イオン導電性が発現する。さらに高性能な燃料電池を実現するためには，より低温で高イオン導電性をもつセラミック材料として，プロトン伝導体型のリン酸塩ガラス等が開発されている。

（3） NAS電池（2次電池）

NAS電池は正極に硫黄、負極にナトリウムを活物質として使用し、これらはナトリウムイオンを含むベータアルミナ（$\beta-Al_2O_3:Na_2O\cdot 11Al_2O_3$）で仕切られている。完全密封構造のセルの中では、ナトリウム（Na）と硫黄（S）は液体で、電解質は固体状態で存在している。その動作原理を図8-3に示す。電極を接続し放電する際は、ナトリウムイオンは負極のナトリウム相より固体電解質を通過して正極の硫黄相に移動する。電子は最終的には外部の回路を流れることになり，電力はこの電子の流れによるものである。放電過程では陽極で多硫化ソーダが生成され、負極のナトリウムは消費され減少する。一方，充電時は外部からの電力供給によって放電時と逆反応が起こり、負極ではナトリウムが生成される。これにより2次電池としてNAS電池が機能する。NAS電池は中規模充電式電源として注目されている。

（4） リチウムイオン電池（2次電池）

リチウムイオン電池は正極にコバルト酸リチウム（$LiCoO_2$）、負極にグラファイト（炭素）を使い、それぞれの極板を何層かに積み重ねた構造になる（図8-4）。一般的には円筒型または角型の構造をしている。これらの単独の電池をセルと呼び、ノートPCなどではセルを複数組み合わせて所定の電圧、容量を出すパックに仕上げている。

リチウムイオン電池1個の電圧は平均3.7 Vである。同じ小型2次電池の仲間であるニッカド（NiCd）電池やニッケル水素（NiH）電池の1.2 Vに比べて約3倍の電圧がえられる。また，ニッカド電池やニッケル水素電池のように、浅い充放電を繰り返すと容量が減少してしまうメモリー効果がないのが特徴である。使いたいときに使い、充電したいときに充電するいわゆる継ぎ足し充電が可能である。小型で軽量なユビキタス機器電源として最適な電池となっている。

現在，リチウムイオン電池の正極材料で代表的なものは3種類あり、ニッケル酸リチウム（$LiNiO_2$），コバルト酸リチウム（$LiCoO_2$）、マンガン酸リチウム（$LiMn_2O_4$）が知られている。$LiNiO_2$がもっとも高容量であるが、安全性に問題があり、実用化は難しいといわれている。$LiMn_2O_4$は安全性に最も優れ、また、最も安価な材料であるが、容量がわずかに少ないことが欠点である。現在，$LiCoO_2$が最もバランスの取れた正極材料として、これまで主に使われてきた（図8-5）。しかし、コバルトは原料コストが高く、価

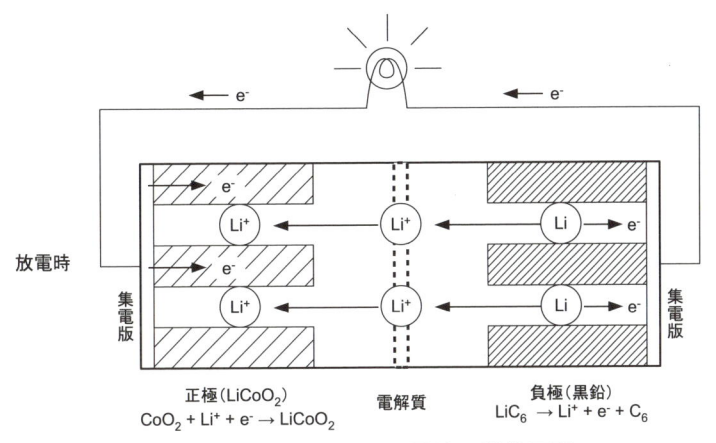

正極(LiCoO$_2$)　　　電解質　　　負極(黒鉛)
CoO$_2$ + Li$^+$ + e$^-$ → LiCoO$_2$　　　　　LiC$_6$ → Li$^+$ + e$^-$ + C$_6$

図8-4　リチウムイオン電池の動作原理

○ Li$^+$イオン層

CoO$_6$八面体層

LiCoO$_2$はLi$^+$層とCoO$_6$八面体層とがc軸方向に交互に積み重なった層状岩塩型構造をとり，充放電にともなって層間のLi$^+$イオンが容易に挿入—脱離反応を起こす。

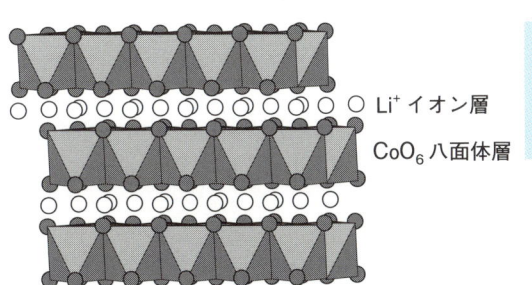

図8-5　コバルト酸リチウムの結晶構造

表8-3　リチウムイオン電池の特長

特長	説明
高電圧	リチウムイオン電池1個の電圧は平均3.7Vである。NiH電池の1.2Vに比べて約3倍の電圧がえられる。
高出力・高エネルギー密度（高出力・小型・軽量）	リチウムイオン電池の重量エネルギー密度はNiH電池の約2倍ある。また，体積エネルギー密度もNiH電池の2倍近くある。さらに大出力放電も可能な高出力型も開発されている。
無メモリー効果	NiH電池のように，浅い充放電を繰り返すと容量が減少してしまうメモリー効果がない。「使い切ってから充電しないと電池のためによくない」ということがない。
優れたサイクル寿命	充放電を繰り返すサイクル特性は1000回以上も可能である。
優れた急速充電性	急速充電によって短時間で満充電できる。
優れた保存特性	電池は使わずに放っておくと自己放電する。リチウムイオン電池の自己放電率は1ヶ月で5%程度と低く，NiH電池の1/5以下である。
優れた安全性	リチウムイオン電池は危険なイメージがあったが，近年，電池に安全機構が組み込まれ，保護回路もあることから，その危険性はほとんどない。

格変動が大きい。そこでこれらの化合物を複合化した，マンガンとコバルト，マンガンとニッケルの複合材が検討されている。いずれも充電電圧は 4.2 V である。マンガン系は平均電圧がわずかに高く，ニッケル系は電圧が低いところで大きな容量をもつ。

負極材料として使われているのは，ほとんどカーボン材である。もっとも一般的には，それらの構造が異なるグラファイトとコークスである。最近は高容量が得られ，また，低温での特性等に優れたグラファイトがメインに使われている。コークス系は放電による電圧の変化が大きいため，電圧で行う残量管理がしやすい特徴がある（7.5 参照）。

電解質（リチウムイオンを運び，電流の流れをつくる機能をもつ）には，そのバッテリーの高い電圧のために必要となる非水有機溶媒のリチウム塩である。リチウム塩は，その高い電圧のためにその水の電気分解が起きる可能性のある水溶液（たとえばニッケルカドミウムバッテリーで用いられている鉛酸）の代わりに用いられている。今後，2次電池として有望なリチウムイオン電池の特徴を表 8-3 にまとめた。

(5) 熱電素子

熱電素子は，半導体に温度差を与えると起電力が発生する（図 8-6）。高温部では電子（e^-）と正孔（h^+）とが多数生成し，これらの濃度差（温度差）が駆動力なり，低温部に移動し起電力が生じる。これをゼーベック効果（逆反応：ペリチェ効果）という。さらに組成制御して p 型と n 型半導体をつくり，それらを pn 接合して複数ならべてモジュール化し熱電発電（themoelective generation）システムを構成する。これはさまざまな発電規模を可能とし，適用温度範囲も広いなどから，新しい発電方法として期待されている。

$$Z = \alpha^2 \cdot \sigma / \kappa$$

α：ゼーベック係数（V/K），σ：導電率（S/m），κ：熱伝導率（W/m·K）による性能指数 Z を用いて評価する。この特性向上には，ゼーベック係数が高いことは当然であるが，熱伝導率が小さく，導電率の大きな材料が必要となる。これまでに，500K 程度までの熱電素子材料にはビスマス–テルル（Bi–Te）系，800K 程度までの場合には鉛–テルル（Pb–Te）系，1,000K 程度にはシリコン–ゲルマニウム（Si–Ge）系などの非酸化物セラミックス系材料が用いられている（$ZT>1$）。一方，熱安定性に優れる酸化物セラミックスの熱電素子への利用も検討されている。これは焼却炉などの廃熱利用という観点から，1,300K 以上でも使用できる材料が要求されている。酸化物セラミックスの一例を表 8-4 に示す。現在は非酸化物系に比べて性能指数は低い。しかし，コバルト酸塩やマンガン酸塩の酸化物が中心に検討されている。これらの酸化物はスモールポーラロンによるホッピング伝導体であり，さまざまな方法によって比較的容易に性能指数の向上が期待される。また，結晶構造内に超格子をつくることによって熱伝導性が向上し，熱電素子としての性能向上が見込まれる。

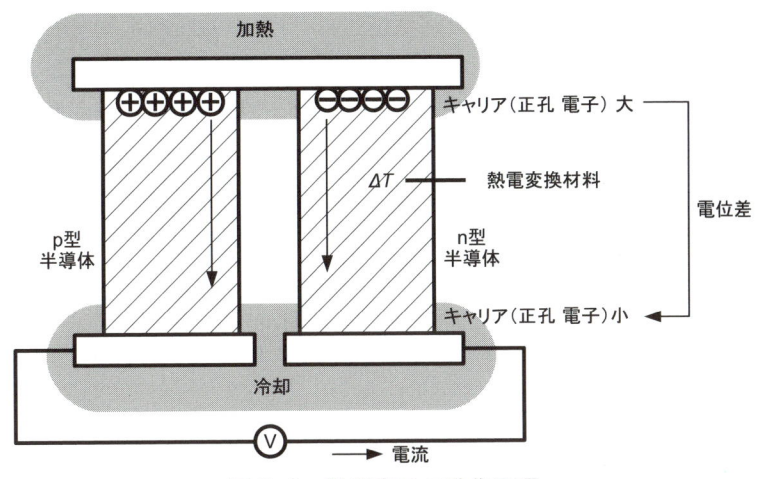

図 8-6 熱電素子の動作原理

表 8-4 酸化物セラミックスの熱電特性

材料	最適温度 /K	導電率 /S·m^{-1}	熱起電力 /mV·K^{-1}	熱伝導率 /W·m^{-1} K^{-1}	性能指数 /10^{-4} K^{-1}
$(Zn_{0.98}Al_{0.02})O$	1,273	37,000	−180	5.0	2.4
$(Ba_{0.4}Sr_{0.6})PbO_3$	673	28,000	−120	2.0	2.0
$Ca(Mn_{0.9}In_{0.1})O_3$	1,173	5,600	−250	2.5	1.4
$NaCo_2O_4$	576	51,000	150	1.3	8.8

（6） 無機ホスト材料

ホスト-ゲスト現象を利用して，電池，電極材料，水素貯蔵剤などの新たな機能性をもった新材料が各種開発されている。無機ホスト材料の空間形状は，トンネル状，層状，かご状などがあり，その形状と大きさは化合物によって異なるため，ゲスト物質によって空間への取り込まれ方に選択性が生じる（表8-5）。材料の結晶構造や2次構造によって形成される空間スケールは，ミクロポア（〜2 nm）からメソポア（2〜50 nm），マクロポア（50 nm〜）と大きく変化し，その構造形態も1次元，2次元，3次元と変化する（図8-7）。さらに取り込まれたゲスト物質とホスト材料との間には相互作用が生じ，ホストゲスト物質の物性が変化する。

空間スケールの最も小さいホスト-ゲスト現象は水素吸蔵合金（$LaNi_5$系合金）の水素の貯蔵と放出である。この合金は，燃料電池用などの水素供給に重点があったが，近年，ニッケル水素（NiH）2次電池の負極材として$La_{0.8}Mg_{0.2}Ni_{3.4-x}Co_{0.3}(MnAl)_x$系合金（La-Mg-Ni系合金）が開発され，急速にカメラ，パソコン，携帯電話，ハイブリッド車に普及した。

つぎに空間スケールの小さいホスト-ゲスト材料であるフラーレンやカーボンナノチューブの中に種々の元素を挿入し，新規機能の開発が行われている。このほかには1次元構造のメソポーラスシリカ，メソポーラスチタニアなどの円柱状の空間がある。

2次元構造の代表例として層状構造をもつ無機化合物がある。たとえば，層状粘土鉱物の層間イオンの交換反応などである。これは結晶中のアルカリ金属イオンは，比較的弱い結合をしていることから，容易にイオン交換しやすい。全体の構造（ホスト骨格）は変化せずに，イオン（ゲスト）を等量変換することもある。また，グラファイトの層間構造を利用したリチウムイオン電池の負極材もある。

3次元構造には，0.3〜10 nmの微細孔をもち，特異な吸着性や反応性を示す多孔質結晶（microporous crystal）の代表的な化合物としてゼオライト（zeolite）がある。合成ゼオライトは，その化学組成が一般式 $M_{2/n}O \cdot Al_2O_3 \cdot ySiO_2 \cdot wH_2O$（$y=2$，$n$は陽イオンMの価数，$w$は空隙に含まれる水の分子数）で示される結晶性アルミノケイ酸塩である。合成ゼオライトの構造はAlO_4とSiO_4の四面体が互いに酸素イオンを共有して複雑に連結した結晶性の無機高分子である。この骨格中には連なった空隙が3次元的に広がっており，これらの空隙は陽イオンや水分で占められている。合成ゼオライト中ではSi^{4+}イオンの一部をAl^{3+}イオンが置換しているために正電荷が不足し，これを補うためにNa^+イオン，K^+イオン，Ca^{2+}イオンなどの陽イオンが構造中に保持されている。これらのイオンは移動性であるため，層状粘土類に比べてはるかに高い陽イオン交換能を有す。合成ゼオライトは，細孔径が分子程度の大きさで，しかも均一であることから，各種分子を選択的に分離できるという特徴を有しており，モレキュラーシーブという名称も分子ふるいという特性に由来している。また，キャパシタ用の炭素材料は，2次構造が3次元的な多孔性を有するために高い表面積を有する。

表 8-5 各種無機ホスト材料の空間形状と性質

空間形状	ホスト	ゲスト	空間の大きさ	用途
点空間	水素吸蔵合金（La-Ni系, La-Mn-Ni系合金）	水素	約 0.03 nm	水素貯蔵材料, NiH電池負極材
中空球状	フラーレン	金属元素	C60：0.7 nm 径	超伝導体（K, Rb）, MRI造影剤（Gd）, 医薬品（Ca）
1次元トンネル状	チタン酸カリウム（$K_2O \cdot 4TiO_2$）	アルカリ金属イオン等	0.2×0.8 nm	イオン交換体, 導電体
1次元中空円柱状	カーボンナノチューブ・ナノコーン	金属元素	単層：1～2 nm径 多層：5～50 nm径	燃料電池電極（Pt）
	メソポーラスシリカ・チタニア・ジルコニア・アルミナ	水, 有機物, 色素分子	孔径：2～50 nm	光触媒, 吸着剤, 触媒, 有機無機ハイブリッド材
2次元層状	コバルト酸リチウム等（ABO_2系）	リチウムイオン	約 0.08 nm	Liイオン電池正極材料
	β-アルミナ	アルカリ金属イオン	～0.2 nm	固体電解質, NAS電池電極材
	グラファイト	アルカリ金属, ハロゲン	層間 0.335 nm	負極材料, 触媒
	粘土鉱物	水, 有機物	～0.8 nm	イオン交換, 触媒
	リン酸ジルコニウム	各種イオン, 有機物	0.8～3.3 nm	吸着剤, 抗菌剤
3次元かご状	合成ゼオライト	有機物	0.2～0.9 nm	分子ふるい
	多孔質ガラス	各種イオン	1～100 nm	イオン透過膜
	ヨウ化銀	ヨウ素イオン	－0.12 nm	固体電池
	ブロンズ（WO_3）	アルカリ金属, 水素	－0.78 nm	電極材料
3次元集合体	非晶質カーボン材料（活性炭等）	各種イオン, 電子, 分子	1～50 nm	キャパシタ材料, 吸着剤
3次元連通多孔体	リン酸カルシウム	細胞, 培養液等	－200 μm	人工骨, 足場材料

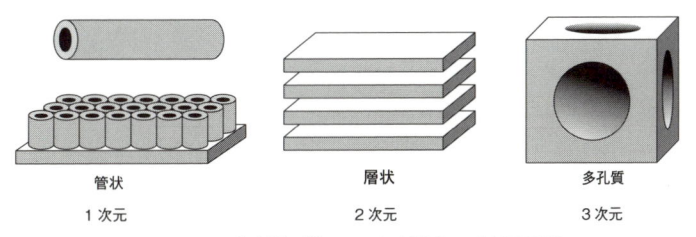

管状　　　層状　　　多孔質
1次元　　2次元　　3次元

図 8-7 各種無機ホスト材料の空間形状

8.2 生体関連セラミックス

ここでは生体関連セラミックスを，生体と直接接触させて使用するバイオセラミックスとその周辺分野の医療用セラミック機材・機器に大別して説明する。

8.2.1 バイオセラミックス

バイオセラミックスを含むバイオマテリアルの定義には，「損傷した生体組織の機能をできるだけ正常に近い状態に回復させるために使用される材料」と「生体関連分子や細胞などの生体を構成する要素に対して適応する，または生体に直接接触させて使用する材料」とがあり，広義的には後者が用いられている。

バイオセラミックスとして古くから利用されているものに歯科分野の歯冠用陶材があり，1820年代に使用され，現在でもこの分野では多くのセラミック材料が使用されている。1890年代に外科分野の骨充てん材や骨置換材としてセッコウ（$CaSO_4$）がセラミック材料としては初めて臨床応用された。しかし，その機械的な強度の不足から発展はしなかった。バイオセラミックスの隆盛は1960年代からである。アルミナセラミックス等が人工歯根，人工関節の骨頭部，人工骨に広く利用されるようになった。1971年にヘンチ（Hench）らによってNa_2O–CaO–SiO_2–P_2O_5系ガラス（Bioglass®）が開発され，骨と高い親和性をもつ生体活性ガラスとして注目された。その後，高い生体親和性をもつ材料としてハイドロキシアパタイト（HAp：$Ca_{10}(PO_4)_6(OH)_2$），各種結晶化ガラス等が開発された。近年では，生体親和性に優れるというHApの特長を生かしたHAp／ポリ乳酸等のセラミック／高分子系，金属表面をHApで被覆したセラミック／金属系，ジルコニアとHApのセラミック／セラミック系の各種複合材料が開発されている。表8-6には生体の部位のバイオセラミックスの臨床応用例を示す。

表8-7にバイオセラミックスの性質から分類した例を示す。バイオセラミックスは，生体内で安定に存在し，生体組織・分子と反応しない生体不活性セラミックスと，ある程度は生体組織と相互作用する生体活性セラミックス，生体組織と積極的に相互作用を起こしてやがて吸収されていく生体吸収性セラミックスとに分けられる。これらは目的によって使用される部位が異なる。アルミナやジルコニアなどの生体不活性セラミックスは高硬度，耐摩耗性，非溶出性，非生体分子吸着性などの機械的・化学的安定性に優れていることから，人工関節材料や機械的な強度を必要とする部位への人工材料に利用されている。ハイドロキシアパタイトやバイオガラスなどの生体活性セラミックスは生体内で少しずつ表面反応し，骨組織と自然に結合する組織修復材料である。さらに炭酸アパタイト（CAp：$Ca_{10-x}(PO_4, CO_3)_6(OH, CO_3)_2$）や$\beta$型リン酸三カルシウム（$\beta$-TCP：$\beta$-$Ca_3(PO_4)_2$）などの生体吸収性セラミックスは生体内での溶解性が高く，骨吸収と新生骨形成によってやがて自家骨にすべて置換する組織修復材料である。

表 8-6　バイオセラミックスの用途

使用部位	材料名
頭蓋骨	ハイドロキシアパタイト焼結体
耳小骨	アルミナ焼結体，ハイドロキシアパタイト焼結体，生体ガラス*
顔面	アルミナ焼結体，ハイドロキシアパタイト焼結体，生体ガラス*
歯冠	ジルコニア焼結体，長石と石英を主体とした陶材（義歯用人工歯も含む）
歯根	アルミナ焼結体（単結晶），ジルコニア焼結体，ハイドロキシアパタイト焼結体，金属材料表面へのハイドロキシアパタイトコーティング
歯槽骨	ハイドロキシアパタイト（焼結体，多孔体，顆粒体），生体ガラス（顆粒体）*，アルミナ焼結体
歯台ポスト	ガラス繊維／高分子系複合材料
心臓（人工心臓弁）	カーボンコーティング，DLC コーティング
脊椎	アルミナ焼結体，ハイドロキシアパタイト焼結体，結晶化ガラス A-W
腸骨	結晶化ガラス A-W
骨（欠損部補塡）	ハイドロキシアパタイト（焼結体，多孔体，顆粒体），β-リン酸三カルシウム（焼結体，多孔体，顆粒体），生体ガラス（顆粒体）*，A-W 結晶化ガラス（顆粒体）
関節	アルミナ焼結体，ジルコニア焼結体，金属材料表面へのハイドロキシアパタイトコーティング
歯の接着・修復	グラスアイオノマーセメント（生体ガラス粉末）
骨欠損部の修復，骨の接着	リン酸カルシウム類ペースト，ハイドロキシアパタイトセメント
DDS 担体	ハイドロキシアパタイト，金ナノロッド，Y_2O_3-Al_2O_3-SiO_2 ガラス球（放射線がん治療材料），磁性体球状粒子（温熱癌治療材料）
骨折固定具	ハイドロキシアパタイト／生体吸収性高分子系複合材料
高機能診断材料	金ナノ粒子，シリカ球状微粒子

*生体ガラスとは生体活性をもつガラス全般を示す。

表 8-7　バイオセラミックスの分類と例

分類	性質	材料名
生体不活性材料	生体内で化学的に安定である	アルミナ（多結晶体，単結晶） ジルコニア多結晶体（PSZ，SZ） カーボン系材料（コーティング材）
生体活性材料	生体内で異物反応がなく，材料表面に生体活性をもち，自家骨と強固に接合する	ハイドロキシアパタイト焼結体 生体活性ガラス（Na_2O-CaO-SiO_2-P_2O_5 系ガラス：Bioglass®） 結晶化ガラス A-W（MgO-CaO-SiO_2-P_2O_5-CaF_2 系ガラス：Cerabone®） 結晶化ガラス Na_2O-K_2O-CaO-MgO-SiO_2-P_2O_5 系結晶化ガラス：Ceravital®） CPSA 系ガラス長繊維（CaO-P_2O_5-SiO_2-Al_2O_3 系ガラス）
生体吸収性材料	生体内で徐々に吸収されて自家骨に置き換わる	β-リン酸三カルシウム焼結体（β-TCP） 炭酸アパタイト焼結体 カルシウム欠損型非化学量論アパタイト焼結体 炭酸カルシウム（$CaCO_3$）

表8-8にバイオセラミックスおよび骨・歯の機械的性質を示す。一般にセラミックスの機械的特性は金属材料のような塑性変形は起こさないが、ヤング率が高く破壊荷重も高いことから硬くて脆い性質をもつ。その挙動は脆性破壊を起こし、材料表面のクラックに集中した応力が亀裂の進展を急速に伸ばして破断する。表に示したバイオセラミックスの機械的性質も、骨などの生体硬組織と比べて曲げ強さ、圧縮強さ、ヤング率など、いずれも高い値を示している。とくに硬組織として利用する場合には力学的適合性が問われ、硬組織と同様な機械的性質が必要とされ、過大な機械的強度は逆に硬組織を破壊してしまう可能性がある。生体不活性なアルミナやジルコニアのセラミックスは高硬度であるため、耐摩耗性が必要とされる関節の摺動部に使用されている。そのほかのバイオマテリアルは骨の緻密骨の曲げ強さとは同等な値であるが、ヤング率は高い値を示す。これは材料強度とヤング率との関係は比例関係にあるためである。

一方、生体硬組織である骨は無機成分（50～60 mass％ ハイドロキシアパタイト）とおもに天然高分子繊維（I型コラーゲン）との複合材料である。これらの成分比および機械的性質は骨の部位や年齢によって異なる。また、この曲げ強さや圧縮強さは高いが、ヤング率が低い（弾性がある）という特徴をもつ。

バイオセラミックスの必要条件　生体に直接接触して使用する医療用機材の一部は、工業用用途の機材とは異なり、JIS規格（日本工業規格）をクリアすることはもちろんであるが、薬事法に則った医療用機材としての規格もクリアしなければならない。これは使用用途によって段階的に異なり、その結果を踏まえて申請・認可を所管の組織に提出する必要がある。とくに生体組織と接触させて使用する場合には以下に示した5項目の必要条件をクリアする必要がある。

① 可滅菌性：消毒および滅菌（高圧水蒸気、酸化エチレンガス、γ線照射、電子線照射）が可能である。
② 生体適合性：材料による生体反応が適当である。
③ 非毒性：生体に対して毒性、発熱、炎症、アレルギー、組織損傷を与えない。
④ 耐久性：目的の期間内で材料（強度など）の性質が変化しない。
⑤ 機能性：目的のために必要な機能をもつ。

バイオセラミックスの生体適合性　表8-9にバイオセラミックスの生体適合性をまとめたものを示した。生体親和性（biocompatibility）としては、長期間にわたって生体に悪影響も強い刺激も与えず、本来の機能を果たしながら生体と共存できる材料の性質をいう。とくにバイオセラミックスには生体活性と不活性なものとがあるので、実際には相反する適合性も必要となる。また、力学的特性を満たすことも重要となる。

表 8-8 バイオセラミックスおよび骨・歯の機械的性質

		曲げ強度 (MPa)	圧縮強度 (MPa)	ヤング率 (GPa)	破壊じん性 (MPa・m$^{1/2}$)
セラミックス	アルミナ アルミナ多結晶	210～380	1,000	371	3.1～5.5
	サファイヤ単結晶	210～1,300	3,000	385	～2.3
	ジルコニア（PSZ）	900～1,400	210	140～200	3.0～10.0
	水酸アパタイト	113～196	510～920	35～120	0.7～1.2
	リン酸三カルシウム	140～160	470～700	34～84	1.1～1.3
	Bioglass®	42	—	35	—
	結晶化ガラス A-W	180～210	1,080	120	2.0～2.6
	Ap-雲母系結晶化ガラス	100-160	500	70～88	0.5～1.0
	FAp 系結晶化ガラス	—	500	100～150	—
生体	骨 皮質骨	50～150	100～230	7～30	2～6
	海綿骨	0.4	2～12	0.05～0.5	—
	歯 象牙質	—	300	19	—
	エナメル質	—	390	84	—

表 8-9 バイオセラミックスの生体適合性

力学的適合性	形態適合性		機能性に対して的確な形状のデザイン 応力集中を分散できる形態
	力学的整合性		組織と材料のヤング率の整合性 過大な機械的強度の不要
界面適合性	組織結合性	軟組織適合性	癌治療や遺伝子診断などに利用される材料開発 軟組織培養用の足場材料の開発
		硬組織適合性	骨組織と材料界面での高い結合性（材料表面上での骨組織の直接形成）
	機械的非刺激性		組織と材料界面における応力集中を避けて組織に刺激を与えない
	生体非活性	非カプセル化	材料の周囲に繊維性組織が形成してカプセル化を生じることを避ける（材料と組織の乖離）
		タンパク質非吸着性	不活性な材料に対しては材料表面に細胞の足場となるタンパク質の吸着を避ける（一方，活性材料は足場となるタンパク質を吸着させる）
		抗血栓性	血液が直接触れる材料では材料表面に血栓形成を避ける（材料表面の平滑性，ぬれ角，電荷等）

(1) ハイドロキシアパタイト

硬組織である骨や歯の主成分はハイドロキシアパタイト（HAp）である。HAp は鉱物学的にはアパタイト族に属し，その基本組成は $M_{10}(RO_4)_6X_2$ と表示される。このうち，M サイトには Ca^{2+}，Al^{3+} などの 1〜3 価の陽イオン，R サイトには P などの酸素酸塩を形成する 3〜7 価のイオン，X サイトに OH^-，Cl^-，F^- などのヒドロキシルイオンまたはハロゲンイオンが入る。表 8-10 にアパタイト構造を形成するイオンをまとめて示した。表に示したように，多くのイオン種でアパタイト構造を構成することができ，さらに複数のイオンでも部分置換が可能である。この構造を安定化させるには，M サイトには 0.095〜0.135 nm，R サイトには 0.029〜0.060 nm のそれぞれのイオン半径をもつイオンが入る。

アパタイトにはこのような特長のほかに非化学量論性という性質がある。すなわち，HAp は理想的な化学組成である化学量論組成（$Ca_{10}(PO_4)_6(OH)_2$；HAp；Ca/P モル比＝1.67）からずれていても，結晶構造的にはアパタイト型結晶構造をとる。一般に水溶液反応で生成した HAp の組成は化学量論組成に比べると Ca 欠損を生じやすく，$Ca_{10-x}(HPO_4)_x(PO_4)_{6-x}(OH)_{2-x}\cdot nH_2O$（Ca 欠損型 HAp；$0<x\leq 1$，$n=0〜2.5$），Ca/P モル比は 1.5〜1.67 になる。Ca^{2+} イオン欠損による電荷の補償はプロトンや格子欠陥の導入によって行われる。この非化学量論性がアパタイトの利用価値を高め，タンパク質等の吸着特性，生体活性などに影響する。一方，生体硬組織のアパタイトは骨組織の部位や加齢などによって変化し，Ca^{2+} イオン欠損は Ca/P モル比では 1.63〜1.65 になり，さらに微量に Mg^{2+} イオン，Na^+ イオン，H^+ イオン，CO_3^{2-} イオン，F^- イオンなどが置換固溶した組成となっている。

表 8-11 に主なアパタイトの結晶学的データを示した。アパタイトの結晶系は六方晶系（空間群；$P6_3/m$）である。HAp や塩素アパタイト（$Ca_{10}(PO_4)_6Cl_2$；ClAp）は歪んだアパタイト構造をとり，単斜晶系（空間群；$P2_1/b$）になる。HAp は約 200℃ で六方晶系に転移し，約 1,300℃ で $Ca_3(PO_4)_2$ と $Ca_4O(PO_4)_2$ とに分解するために HAp の融点はない。

図 8-8 にアパタイトの結晶構造を示した。単位格子における Ca^{2+} イオンには 2 つの結晶学的に異なる位置がある。c 軸上にある水酸基の酸素を取り囲むように位置する Ca（らせん軸 Ca；酸素 7 配位）と格子の中心部に c 軸方向に柱状に配置する Ca（格子中 Ca；酸素 9 配位）とがある。図からわかるように，格子中 Ca は c 軸方向に 0，1/2 の位置にあり，らせん軸 Ca は同様に 1/4，3/4 の位置にある。この 1/4，3/4 の位置は FAp では鏡面となるが，HAp では OH 基が少しずれて位置するために対称性は低下する。単位格子中の格子中 Ca は 4 原子，らせん軸 Ca は 6 原子があり，この格子中 Ca は c 軸に沿ってイオンの移動が起こると考えられている。

表8-10 アパタイト族（$M_{10}(RO_4)_6X_2$）の構成イオン種

サイト	構成イオン種
M：Caサイト	H^+, Na^+, K^+, Ca^{2+}, Sr^{2+}, Ba^{2+}, Pb^{2+}, Zn^{2+}, Cd^{2+}, Mg^{2+}, Fe^{2+}, Mn^{2+}, Ni^{2+}, Cu^{2+}, Hg^{2+}, Al^{3+}, Y^{3+}, Ce^{3+}, Nd^{3+}, La^{3+}, Dy^{3+}, Eu^{3+}
R：Pサイト	SO_4^{2-}, CO_3^{2-}, HPO_4^{2-}, PO_3F^{2-}, PO_4^{3-}, AsO_4^{3-}, VO_4^{3-}, CrO_4^{3-}, BO_3^{3-}, SiO_4^{4-}, GeO_4^{4-}, BO_4^{5-}, AlO_4^{5-}
X：OHサイト	OH^-, F^-, Cl^-, Br^-, I^-, O^{2-}, CO_3^{2-}, H_2O, □（空孔）

表8-11 おもなアパタイトの結晶学的・化学的データ

	ハイドロキシアパタイト（HAp）	フッ素アパタイト（FAp）	塩素アパタイト（ClAp）
化学式	$Ca_{10}(PO_4)_6(OH)_2$	$Ca_{10}(PO_4)_6F_2$	$Ca_{10}(PO_4)_6Cl_2$
結晶系	単斜→六方（211.5℃）	六方	単斜
空間群	$P2_1/b \rightarrow P6_3/m$	$P6_3/m$	$P2_1/b$
格子定数（nm）	a:0.941〜0.944 c:0.684〜0.694	a:0.936〜0.937 c:0.687〜0.686	a:0.952〜0.964 c:0.673〜0.685
密度（g/cm³）	3.17	3.18〜3.189	3.12〜3.174
融点	1,250℃ 分解	1,615〜1,660℃	
溶解度積（pKs）	109〜120	119〜122	
生体部位	骨，歯の象牙質	歯のエナメル質	

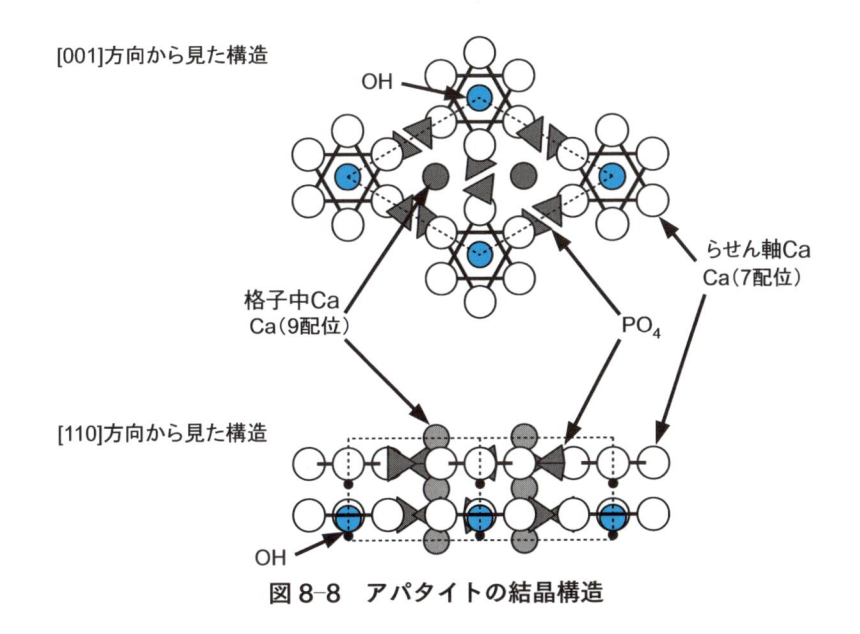

図8-8 アパタイトの結晶構造

ハイドロキシアパタイトの合成　ハイドロキシアパタイト粉末の主な合成法には以下に示す液相法，水熱法，固相法がある。ハイドロキシアパタイトはバイオセラミックスのなかでとくに生体適合性に優れた材料といえる。これが人工的に合成されたのは1970年代に入ってからである。

水溶液反応（沈殿析出法）　ハイドロキシアパタイト（HAp）は，カルシウム塩類水溶液とリン酸塩水溶液との水溶液反応において沈殿懸濁液のpHをアルカリ性にすると，まず反応直後には非晶質リン酸カルシウム（ACP）が生成し，それを所定時間熟成するとえられる。また，pHが4〜6の酸性溶液では$CaHPO_4$(DCPA)や$CaHPO_4 \cdot 2H_2O$(DCPD)が生成し，中性領域では$Ca_8H_2(PO_4)_6 \cdot 5H_2O$(OCP)が生成する。このようにリン酸カルシウムの液相合成では，原料溶液の濃度やpHなどが生成するリン酸カルシウムの組成や性質に対して大きく影響する（表8-12）。しかし，これらのリン酸カルシウムはHApがもっとも低い溶解度積（表8-13）をもつ化合物であることから，適当に液相の条件をかえるとすべてHApに変化してしまう。

　図8-9には，37℃における$Ca(OH)_2$–H_3PO_4–H_2O系の液相反応でのリン酸カルシウムの溶解度等温線を示した。図から，pH4.5以下ではDCPAが，それ以上ではHApが安定相となり，熱力学的にはOCPやTCPはすべてのpH領域において準安定相であることがわかる。弱酸性から中性の生体を模擬した条件では，原料溶液のわずかな条件の違いなどから，初相としてはDCPD，DCPA，OCPが生成するが，それらはやがて安定相のHApに変化する。

　通常，HApを合成する場合には，懸濁液のpHを9以上のアルカリ領域にして長時間熟成するが，化学量論組成のHApを合成することは難しい（図8-10）。また，液相法では水溶液中に溶け込んでいる炭酸イオンの混入も避けられない。HApの溶解度積は非常に小さく，また結晶成長速度も緩慢なことから，水溶液反応でえられたHAp粒子は0.2〜0.5 μmの微細な板状結晶の凝集粒子となる。原料溶液の種類や濃度，合成温度，懸濁液のpHをかえることで生成したHApの粒子径や粒子形態は変えられるが，合成温度を高めたり，pHを低めたりしてHApの溶解度を高めるような方法で合成すると結晶成長した大きな粒子径のものがえられる。しかし，化学組成としては化学量論組成からずれたHApが生成しやすくなる。

加水分解法　すでに示したようにDCPD，DCPA，OCPなどのリン酸カルシウム類の沈殿物を適当なアルカリ性の水溶液中に懸濁させると，沈殿物の相平衡が変化してHApが安定となり，やがて沈殿物の組成はHApとなる。しかし，このような場合，原料のDCPDやDCPAなどの粒子形態を保持してHApに転化するために原料粉体の形骸粒子になる。これは原料のリン酸カルシウムの溶解とHApの析出とが原料粉体のごく表面部分で比較的ゆっくりと起こることに起因する。たとえば，DCPDを原料にした場合には板状のHApがえられる。

表 8-12 おもなリン酸カルシウム類

リン酸カルシウム	略名	化学式	Ca/P モル比	備考
ハイドロキシアパタイト	HAp	$Ca_{10}(PO_4)_6(OH)_2$	1.67	
フッ素アパタイト	FAp	$Ca_{10}(PO_4)_6F_2$	1.67	
炭酸アパタイト	CAp	$Ca_{10}(PO_4)_{6-x}(CO_3)_x(OH)_2$	1.5–1.66	
リン酸三カルシウム	TCP	$Ca_3(PO_4)_2$	1.50	α, β, α'
リン酸八カルシウム	OCP	$Ca_8H_2(HPO_4)_6 \cdot 5H_2O$	1.33	
リン酸水素カルシウム二水和物	DCPD	$CaHPO_4 \cdot 2H_2O$	1.00	
リン酸水素カルシウム	DCPA	$CaHPO_4$	1.00	
リン酸四カルシウム	TeCP	$Ca_4(PO_4)_2O$	2.00	固相反応
非晶質リン酸カルシウム	ACP	$Ca_3(PO_4)_2 \cdot nH_2O$	約 1.5	液相反応
リン酸二水素カルシウム一水和物	MCPM	$Ca(H_2PO_4)_2 \cdot H_2O$	0.50	
リン酸二水素カルシウム	MCPA	$Ca(H_2PO_4)_2$	0.50	

表 8-13 リン酸カルシウム類の溶解度積

リン酸カルシウム	溶解度積 K_{sp}
ハイドロキシアパタイト	6.62×10^{-126}
α型リン酸三カルシウム	8.46×10^{-32}
β型リン酸三カルシウム	2.07×10^{-33}
リン酸八カルシウム	1.01×10^{-96}
リン酸水素カルシウム二水和物	2.59×10^{-7}
リン酸水素カルシウム	1.83×10^{-7}
フッ素アパタイト	6.30×10^{-137}

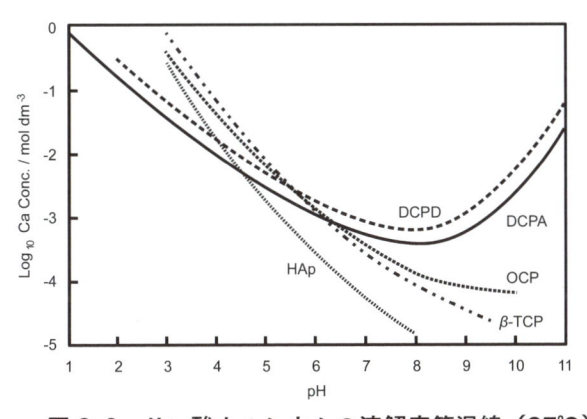

図 8-9 リン酸カルシウムの溶解度等温線 (37℃)

水熱法　高温・高圧の水が関与する反応であり，この方法でえられた生成物は，一般に高純度（低不純物），高結晶性，低凝集性の沈殿物がえられる。一般に水熱法は結晶育成のために用いられるが，結晶成長させずに結晶化のみを起こすことで微細な高結晶性の HAp がえられる。非晶質リン酸カルシウム（ACP）を原料にし，それをアルカリ性の水溶液にいれて水熱処理すると 50～100 nm 程度の微細な板状の HAp がえられる。また，Ca の欠損性は低下し，化学量論組成の HAp がえられやすい。

均一沈殿法　Ca^{2+} イオンと PO_4^{3-} イオンとを含む混合溶液中に尿素を加えて加温する。加温によって尿素が CO_2 とアンモニアに分解することから反応溶液系の pH がゆっくりと上昇して HAp が析出する。この場合，テープ状の OCP がまず析出し，それが水中で HAp に転化する。

噴霧熱分解法　Ca^{2+} イオンと PO_4^{3-} イオンとを含む混合溶液を空気とともに二流体ノズルで 600～1000℃ の加熱した電気炉内に吹き，霧化した溶液を熱分解して HAp 結晶を合成する。生成した HAp 粉体は中空の球状粒子（～5 μm）になる。霧化装置を二流体ノズルから超音波発生装置に変えた超音波噴霧熱分解法もある。超音波で霧化してえた球状の HAp の粒子径は 0.5～1 μm と小さく，さらに粒度分布も狭い。生成粒子の平均径は二流体ノズルの場合にはおもにノズルからでる液量と空気量に依存するが，超音波の場合には超音波の周波数に依存する。

固相反応（固相法）　2 種類以上の原料粉末を混合し（Ca/P モル比＝1.67），水蒸気雰囲気下 1,000～1,200℃ の温度に加熱して HAp 粉末を合成する手法である。雰囲気を水蒸気にする理由は，HAp 構造中の水酸化物イオンの脱離を防ぐためである。合成プロセスは簡単であるが，大量生産には不向きである。また，生成した原料粉体の粒子径や形態（約数 μm～数十 μm の不定形形焼結粒子）の制御などには不向きであるが，化学量論組成の HAp 粉末を合成するには最適である。固相法に用いられる代表的な化学反応式の例を以下に示す。

$$3Ca_3(PO_4)_2 + CaO + H_2O \rightarrow Ca_{10}(PO_4)_6(OH)_2$$

HAp の合成法には，このほかにアルコキシド原料を用いたゾルゲル法，加熱脱水反応を用いた錯体重合法，電気化学的に溶液内で晶析させる電析法，界面活性剤を用いたエマルション法などが知られている（表 8-14）。

水酸アパタイトの複合化技術

骨の欠損が大きい場合，補てんする部位，形，大きさなどにより補てん材料は異なる。とくに膝や股の関節など加わる荷重や衝撃が大きい部位には，硬くて脆いセラミックスのみを使うことは難しい。機械的強度に優れているチタンなどの金属材料表面に，生体親和性に優れた水酸アパタイトを被覆した複合材料が使われている。このような水酸アパタイトのコーティング技術にはプラズマスプレー法などがあり，金属材料の表面に水酸アパタイトをコーティングした人工歯根，人工骨および人工関節などが開発・実用化されている。このような人工歯根や人工関節では，水酸アパタイトコーティングによって材料と生体骨との結合が早く進み，長期使用に際して脱落やゆるみなどの問題を回避できる。

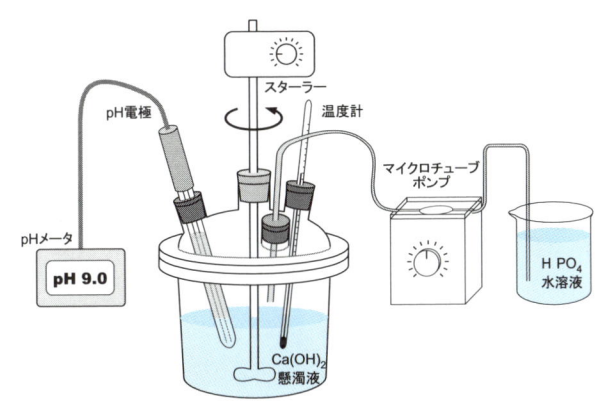

図 8-10 水溶液法によるハイドロキシアパタイトの合成装置

表 8-14 ハイドロキシアパタイトの主な合成例と特長

合成法	方法	生成物の特長	備考
水溶液反応	カルシウム塩類水溶液とリン酸塩水溶液との反応で生成した沈殿懸濁液の pH をアルカリ性にする。	HAp 粒子は 0.2〜0.5 μm の微細な板状結晶の凝集粒子（比表面積 50〜70 m^2/g）。	非化学量論組成 HAp
加水分解反応	DCPD，DCPA などのリン酸カルシウム類の原料粉体をアルカリ性水溶液中に所定時間懸濁させる。	原料の DCPD や DCP などの粒子形態を保持して HAp に転化する。	非化学量論組成 HAp
水熱育成法	300〜700℃，8.6〜200 MPa の飽和水蒸気圧条件下で HAp を種子結晶として水熱育成する。	六角柱状結晶または {001} 面の成長した 0.1〜3 mm の針状 HAp 単結晶がえられる。	化学量論組成 HAp
水熱結晶化法	非晶質リン酸カルシウム（ACP）を原料にして pH10 に調整したアルカリ性水溶液にいれ，150〜200℃，5〜24 時間水熱処理する。	50〜100 nm 程度の微細な板状の HAp がえられる。	化学量論組成 HAp の生成
均一沈殿法	Ca^{2+} イオンと PO$_4^{3-}$ イオンとを含む混合溶液中に尿素を加えて加温する。加温によって尿素が CO$_2$ と NH$_3$ に分解し，結晶が析出する。	テープ状 OCP が析出し，それが HAp に転化する。えられた HAp は 200〜500 μm 板状結晶である。	Ca 欠損した炭酸含有 HAp
スプレードライ法	HAp 懸濁液をアトマイザーで円錐状の乾燥器中に噴霧しながら乾燥する。	数十μm〜数百μm の球状集合体がえられる。	
噴霧熱分解法	Ca^{2+} イオンと PO$_4^{3-}$ イオンとを含む混合溶液を空気とともにノズルで加熱した電気炉内に吹き，霧化した溶液を熱分解して HAp 結晶を合成する。	HAp 粉体は中空の球状粒子（〜5 μm）になる。超音波でえた球状の HAp の粒子径は 0.5〜1 μm と小さい。	
アルコキシド法	カルシウムジエトキシド溶液とリン酸トリエチルとを Ca/P モル比＝1.67 にし，それを加水分解・重縮合させてゲル化させる。	ゲル状前駆体物質を加熱すると 100〜200 nm の粒状 HAp がえられる。	化学量論組成 HAp

(2) リン酸三カルシウム

リン酸カルシウム系セラミックスのうち,リン酸三カルシウム(TCP)セラミックスは生体吸収性(生体内崩壊性)という性質をもち,同質の HAp セラミックスに比べて生体内での溶解性が高く,移植後に生体内で溶解し逐次新生骨に置換する。骨の再生や再建を期待する上で,TCP 系セラミックスのように生体内で崩壊しながら自家骨の形成を促す材料は理想的な生体材料である。さらに TCP 系セラミックスの特長には,HAp を焼結する場合には構造内にある OH(構造水)の揮発に注意しながら限られた焼結条件および装置で行わなければならないが,TCP の場合には,容易に常圧焼結できる利点があり,製造プロセスからも魅力的な材料といえる。

TCP には,β-TCP,α-TCP,α'-TCP および γ-TCP の 4 つの多形の存在が知られている。このうち,β-TCP と α-TCP が低温で安定に存在することから,表 8-15 に示すような結晶学データと物性が明らかにされている。β-TCP と α-TCP の結晶構造は異なり,密度を比較してみると β-TCP より α-TCP のほうが『ルーズな構造』になっている。そのため,溶解度も β-TCP より α-TCP のほうが高い。そのため,α-TCP は水和反応を起こし硬化するが,β-TCP は容易には水和反応を起こさない。このような性質から α-TCP は骨セメントの原料として,β-TCP は焼結体として臨床応用されている。

図 8-11 に β-TCP の模式的な構造を示した。β-TCP の結晶構造は $R3c$(菱面体晶)で,六方晶系設定で説明すると (a) は c 軸方向から見た構造で,A カラムの周りを 6 個の B カラムが取り囲む 6_2 回回転軸をもつ c 軸方向に伸びたトンネル構造を示す。(b) は c 軸に沿って見た構造で,A カラムと B カラムの原子の配置の違いがわかる。A カラムは –P–Ca(4)–Ca(5)–P–□–Ca(5)– の繰り返しで,B カラムは –P–Ca(1)–Ca(3)–Ca(2)–P– の繰り返し構造となる。とくに A カラムの Ca(4) の席占有率 0.5 となり,結晶構造内に空孔をもつ。

リン酸三カルシウムの合成　2 種類以上の原料粉末を混合し(Ca/P モル比 = 1.50),大気雰囲気下 1,000～1,200℃ の温度に加熱して TCP 粉末を合成する固相反応法が一般的である。しかし,β-TCP から α-TCP への相転移温度が 1,120～1,180℃ にあるため,β-TCP を合成する場合には加熱温度を 900～1,100℃ とし,α-TCP を合成する場合には加熱温度を 1,200～1,300℃ として冷却温度を速めてえる。この冷却時の α-TCP から β-TCP への相転移速度は比較的遅いことから,α-TCP を単相でえることは比較的容易である。もう 1 つの方法として,水溶液法(合成時の Ca/P モル比 = 1.50)によって ACP を合成し,それを加熱脱水する方法がある。ACP は加熱により脱水すると,600～700℃ で α-TCP になり,800～1,100℃ で β-TCP に相変化し,1,200℃ 以上でもう一度 α-TCP に相変化する。

表8-15 リン酸三カルシウムの結晶学的データ

	α-リン酸三カルシウム	β-リン酸三カルシウム	α'-リン酸三カルシウム
化学式	$\alpha\text{-}Ca_3(PO_4)_2$	$\beta\text{-}Ca_3(PO_4)_2$	$\alpha'\text{-}Ca_3(PO_4)_2$
結晶系	単斜晶	菱面体晶(六方晶)	不明
空間群	$P2_1/a$	$R3c$	不明
格子定数	a:1.28872 nm		
	b:2.72804 nm	a:1.04391 nm	不明
	c:1.52192 nm	c:3.73756 nm	
	β:126.201°		
密度	2.863 g/cm^3	3.067 g/cm^3	不明
転移温度	α-α'転移 1,430℃	β-α転移 1,125℃	融点 1,756℃
応用例	骨ペーストセメント	焼結体(緻密体,多孔体)	

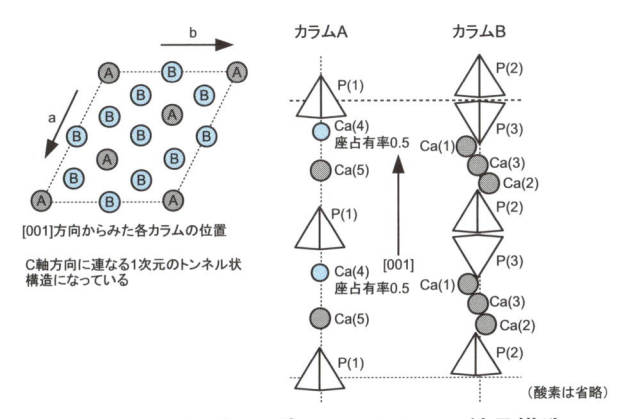

図8-11 β型リン酸三カルシウムの結晶構造

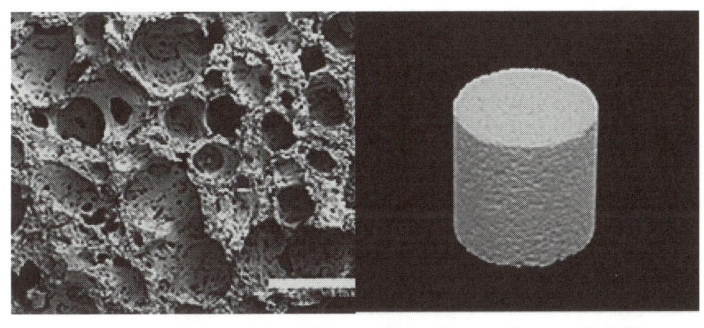

図8-12 β型リン酸三カルシウムの多孔体

TCP セラミックスをえる場合，あらかじめ作製した TCP 粉末を成形，焼成して焼結体とする。β-TCP セラミックスの場合，転移温度を考慮して 1,100℃ で焼結し，α-TCP セラミックスの場合には 1,200〜1,300℃ で焼結する。TCP セラミックスは生体吸収性材料として注目されていることから，緻密な焼結体よりは 100〜300 μm の気孔径をもつ多孔質な焼結体が作製されている（図 8-12）。

（3）アルミナおよびジルコニア

　アルミナやジルコニアセラミックスは生体不活性な材料である。しかし，これらの材料は力学的性質として高硬度（破壊応力：大，ひずみ：小）であるため，耐摩耗性が必要とされる関節の摺動部に使用されている。図 8-13 は人工股関節である。人工股関節には主にソケット，ライナー，骨頭，ステムの 4 つの部品から構成されている。これを材質の視点で分けるとセラミック材料（アルミナ・ジルコニア），高分子材料（超高分子量ポリエチレン）および金属材料（チタン合金等）のすべての材料が使われ，各材質・材料の長所を十分に生かした生体材料といえる。まず，生体骨に直接埋め込まれるステムとソケットは金属材料でできていて，ステムは股関節にかかる大きな力に耐えてヘッドを支えるために土台として大腿骨に埋め込み，ソケットはライナーを支えるために土台として臼蓋に埋め込む。いずれも金属材料の優れた機械的強度とその信頼性によって利用されている。ライナーは臼蓋側で関節面の役割を果たす。これには耐摩耗性やクッション性（柔軟性）も重要視されて超高分子量ポリエチレンが利用されている。骨頭はライナーと直接接触する部分で，優れた硬度による耐摩耗性や生体物質が接着しない生体不活性な性質をもつアルミナやジルコニアが用いられている。このような材料設計はそのほかの人工膝関節，人工肩関節，人工肘関節にも利用されている。

（4）組織工学と足場材料

　再生医学とは組織工学（tissue engineering）ともいい，胎児期にしか形成されない人体組織・臓器が病気や事故等で欠損した場合にその機能を回復させる医学分野である。現在，再生医学には，クローン作製，臓器培養，多能性幹細胞培養技術（ES 細胞，iPS 細胞），自己組織誘導技術などがある。このうち自己組織誘導は，細胞と分化あるいは誘導因子（シグナル分子）・物理的な刺激と足場材料を組み合わせることによって，2 次元または 3 次元的に形態をもった組織・臓器を再生する技術である（図 8-14）。従来の人工臓器（人工透析や人工心臓など）による機能の回復には限界があること，臓器移植医療にも倫理や免疫等の問題があることから，組織工学には大きな期待が寄せられている。

　組織工学がもっとも注目された研究は 1992 年に医者のジョセフ・ヴァカンティとチャールズ・ヴァカンティ，医療用生体材料技術者のロバート・ランガーによるヒト耳マウスと考えられる。彼らは以前より細胞培養して立体的な複雑な構造をつくることができないかを研究していた。その研究の中で，軟骨細胞を入手し，PGA（ポリグリコール酸）の繊維状足場材料に細胞を撒いて培養をした結果 3〜4 ヶ月で耳の形をつくることができた。使用した足場材料の PGA は次第に生体内に吸収されてなくなる。この足場材料を用いて

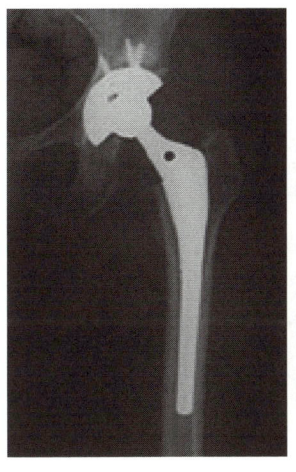

(a) レントゲン写真　　(b) 外観　　(c) 骨頭（アルミナセラミックス）

図8-13　人工股関節

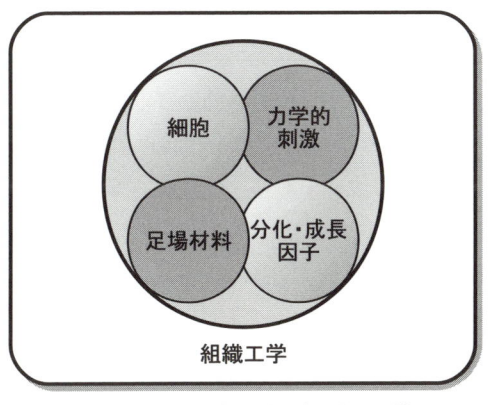

図8-14　組織工学（再生医学）

表8-16　足場材料として必要とされる条件

1	細胞が分化・増殖するための細胞接着性
2	組織再生するスペースの確保
3	外部からの異組織の侵入阻止
4	再生する組織・臓器の形態決定
5	細胞増殖因子の貯蔵と徐放
6	細胞への酸素と栄養分の補給路の確保
7	材料強度の保持
8	生体分解吸収性をもつ

骨リモデリング

　骨リモデリングは，骨芽細胞，破骨細胞，ホルモンおよびサイトカインが関与する複雑な機構であり，たえず骨は吸収と形成とを繰り返している。骨芽細胞は未分化間葉系細胞由来して増殖，分化し形成される。一方，破骨細胞は多核の巨細胞で血液幹細胞の分化，融合により形成される。骨リモデリングには種々のホルモンおよびサイトカインが，骨芽細胞や破骨細胞の分化や機能調節に関与し，また，骨形成量と骨吸収量とがほぼ等しくなるよう調整され，正常な骨リモデリングでは骨量の変化は起こらない。この際の骨芽細胞と破骨細胞との間にカップリングが起こり，密接な情報伝達に種々のホルモンやサイトカインが関与する。

組織に形を形成させる技術と高度に発展した幹細胞を増殖，分化させる細胞培養技術によって自己組織誘導技術が発展した。

足場材料としては生体吸収性材料が用いられ，セラミックス材料ではリン酸三カルシウム多孔体，炭酸アパタイト多孔体などが中心に検討されている。足場材料として必要とされる条件を表 8-16 に示した。このような条件を満たす足場材料の開発が進行している。

一方，幹細胞技術として，骨髄の中には血液系のすべての細胞を作り出すことのできる造血幹細胞と，それを取り囲むストローマ細胞が存在する。このストローマ細胞の中に間葉系幹細胞が存在する。間葉系幹細胞は，骨芽細胞，軟骨細胞，脂肪細胞へと分化することは古くから知られていたが，この幹細胞は心筋細胞，神経細胞，皮膚細胞，肝細胞などへも分化することが明らかになっている（図 8-15）。

たとえば，骨組織の再生を行う場合，自家の骨髄の中の間葉系幹細胞を取り出し，この間葉系幹細胞に骨芽細胞に分化する誘導因子を入れ，骨芽様細胞（前駆細胞）を分化，増殖させる（生体外での細胞培養）。この骨芽様細胞をリン酸三カルシウム多孔体の足場材料に接着固定し，これを生体内の欠損した骨組織に埋入する。こうすることでより早期に骨組織が再建でき，患者の QOL を高めることができる（図 8-16）。

(5) 生体活性ガラスおよび結晶化ガラス

ガラスは，原料を溶融して冷却固化するため，リン酸カルシウムの多結晶体のような焼結工程を経ないことから，気孔などの内部クラックなどが少なく力学的性質は優れている。生体ガラスの代表的なものにはヘンチらの Bioglass® (SiO_2:45.0 mass%, CaO:24.5 mass%, Na_2O:24.5 mass%, P_2O_5:6.0 mass% のガラス組成）があり，骨に近い弾性をもつ。このガラスは生体内で Na^+ イオンと Ca^{2+} イオンとが急速に溶出することでその表面にシリカリッチ層を形成し，骨類似アパタイト層を生成することによって短期間に骨や生体軟組織と結合する特徴をもつ。このほかに広く臨床応用されているガラスには小久保らが開発した，ガラスを冷却する際に，ガラス中に微細な結晶を結晶化させた高い圧縮強さをもつ A-W 結晶化ガラス（MgO-CaO-SiO_2-P_2O_5-CaF_2 系ガラス：Cerabone®）がある。

骨細胞の分化マーカー

骨細胞には大きく分けて骨芽細胞と破骨細胞とがある。骨芽細胞は未分化間葉系細胞から骨芽細胞の前駆細胞（骨芽細胞様細胞）なり，骨芽細胞へと分化する。この際，細胞分化を観察するために骨代謝マーカーを調べる。骨芽細胞は未分化ではまず短時間で BMP-4 を産生し，前駆細胞に分化するとⅠ型コラーゲン，アルカリ性ホスファターゼ（ALP）を順次産生し，骨芽細胞に分化し，骨化するようになるとオステオポンチン（osteopontin）およびオステオカルシン（osteocalcin）を産生する。一方，破骨細胞は血液幹細胞の分化と融合によって多核の巨細胞の破骨細胞になると酒石酸耐性酸性ホスファターゼ（TRAP），カテプシン K が産生される。

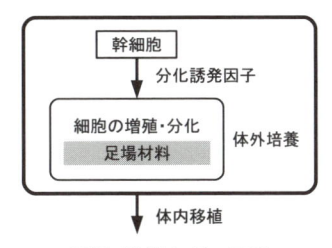

図 8-15　足場材料を用いた組織工学の例

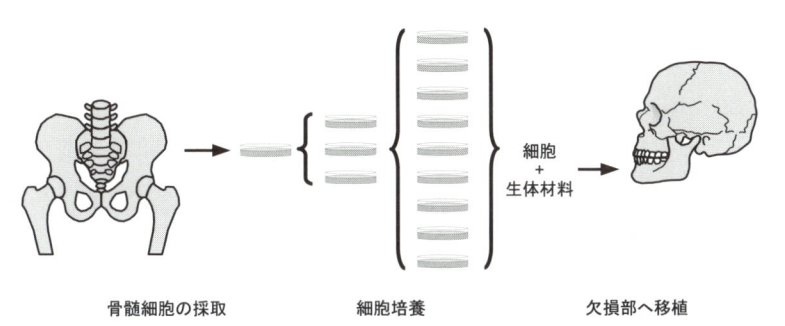

図 8-16　骨組織再生の例

材料への細胞接着

正常細胞は，シャーレなどの実験容器などの表面に接着しなければ増殖，分化しない。足場材料でも細胞接着が重要となる。細胞から産生された細胞外マトリックス（コラーゲン，フィブロネクチン等）が材料表面に吸着し，細胞膜タンパクのインテグリンがこの細胞外マトリックスのRDG（アルギニン–グリシン–アスパラギン酸）配列と結合して接着する。

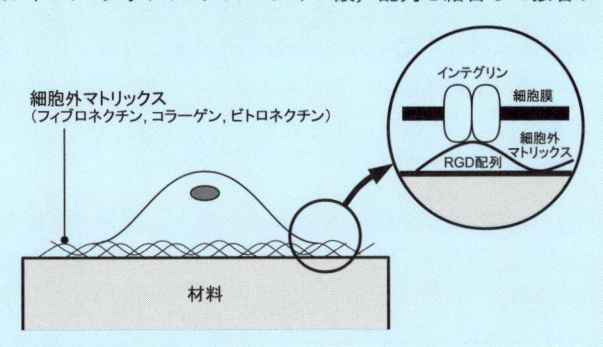

幹細胞の分化

胚性幹細胞（ES細胞）は発生初期の幹細胞であり，高い増殖性と多様な分化能をもつ。生体内または試験管内で幹細胞に分化誘導因子が作用するなど適度な刺激が加わると，幹細胞はそれぞれの組織の特徴のある形態と機能を獲得して（組織幹細胞），それぞれの組織や器官を形成する（成熟細胞）。幹細胞から特徴ある組織や器官の成熟細胞への変化が細胞分化である。このような細胞増殖・分化にはホルモンやサイトカイン（細胞の作動因子）が関与している。

8.2.2 医療用セラミックス機材・機器

この分野には，生体情報をえる器官を代替するセラミックスセンサ，直接細胞とは接触せずに生体の各種情報をえるセラミックスセンサ，セラミックスを用いた医用診断機器などがある．表8-17に人間の感覚に対応するセラミックセンサの例を示した．生体情報をえる器官を代替したり，生体の各種情報をえるセンサのほとんどはセラミックスセンサである．これらは電子セラミックス材料として近年発達した技術である．

サーミスタ　サーミスタ（thermistor）は，温度変化に対して電気抵抗の変化の大きいセンサであり，NTCサーミスタやPTCサーミスタなどがある（図8-17）．NTCサーミスタは温度の上昇に対して抵抗が減少するサーミスタである．温度と抵抗値の変化が線形を示すことから，温度検出用センサとして体温を測定するデジタル体温計のセンサとして利用される．その成分にはNiO，MnO，CoOまたはFeOなどの酸化物を混合したセラミックスである．一方，PTCサーミスタはNTCサーミスタとは逆に抵抗が増大するサーミスタである．温度センサのほか，電流を流すと自己発熱によって抵抗が増大し，電流が流れにくくなる性質を利用して電流制限素子として用いられる．PTCサーミスタはチタン酸バリウム（$BaTiO_3$）に添加物（Sr，Pb）を加えたセラミックスである．チタン酸バリウムのキュリー温度付近で急激に電気抵抗が増大する特徴を利用している．

医療用レーザー　現在の医療に各種のレーザーが用いられている（表8-18）．とくに歯科用レーザーは歯牙および口腔軟組織さらには顎骨など関連生体組織の治療などに用いられている．

最近注目されているのは歯や骨を治療するための硬組織用レーザーである．これにはEr：YAGレーザーとEr.Cr：YSGGレーザーがある．硬組織用レーザーとしての必要な条件には，人体の硬組織に対して熱などによる生体組織への侵害作用がないことである．Er：YAGレーザーとEr.Cr：YSGGレーザーは水分子へのエネルギー吸収が高いため，歯や骨の生体組織に当てたときに生体の中にある水分の表層にだけ反応して熱が生体内部に残存しにくい．

レーザー（laser）とは，光を増幅してコヒーレント（波長，位相がそろった）な光を発生させる装置またはその光をいう（2.4参照）．レーザー光は収束性や指向性に優れている．レーザー発振器は，キャビティ（光共振器）とその中に設置された媒質（固体，液体，ガス）および媒質をポンピング（電子をより高いエネルギー準位に持ち上げること）するための装置から構成される．キャビティは，基本的には2枚の鏡が向かい合った構造をもつ．波長がキャビティ長さの整数分の一となるような光は，キャビティ内をくり返し往復し，定常波を形成する．キャビティ内の光は媒質を通過するたびに誘導放出により増幅される．キャビティを形成する鏡のうち一枚を半透鏡にすれば，一部の光を外部に取り出すことができ，レーザー光がえられる．

表 8-17　人間の感覚に対応するセラミックセンサ

検出対象	セラミックセンサ（化合物）
熱 （温度センサー）	NTC サーミスタ（NiO, MnO, CoO, FeO 等の混合酸化物），PTC サーミスタ（$BaTiO_3$），焦電型赤外線センサ（PZT：$Pb(Zr_xTi_{1-x})O_3$），水晶発振器（SiO_2），トランジスタ，ダイオード
光 （電磁波センサ）	太陽電池（pn 接合），CdS セル（CdS），電荷結合素子（CCD），写真乾板（ハロゲン化銀），フォトダイオード（pn 接合，光励起効果），フォトトランジスタ
圧　力 （圧力センサ）	圧電素子（PZT, PT：$PbTiO_3$），ダイヤフラム式圧力センサ（MEMS），半導体圧力センサ，心拍計
磁　気 （磁気センサ）	永久磁石（ハード磁性材料），磁気ヘッド（フェライト），SQUID（超伝導量子干渉素子，ジョセフソン素子），磁気抵抗素子（MR 素子）プロトン磁力計（磁気共鳴型磁気センサ）
気　体 （気体センサ）	CO・メタン・プロパン・水素・アルコールセンサ（SnO_2, ZnO 半導体），NO_2・NO センサ（WO_3 半導体），O_3 センサ（Fe_2O_3–In_2O_3 半導体）フロンセンサ（S-修飾 SnO_2 半導体），CO_2・NO_2・NO センサ（NASICON 型固体電解質），O_2・SO_2・NOx センサ（ジルコニア固体電解質）
バイオセンサ	生体物質吸着（水晶発振器：QCM），DNA チップ

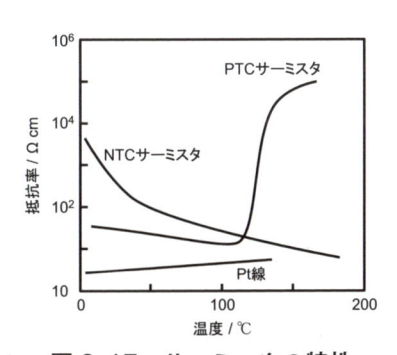

図 8-17　サーミスタの特性

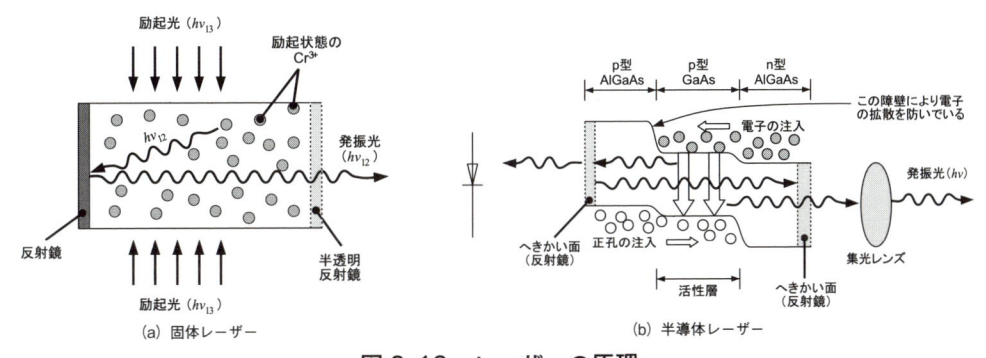

図 8-18　レーザーの原理

レーザー光の発生原理は，媒質の三準位モデルなどの量子力学的エネルギー構造で説明できる。三準位モデルとは，伝導体（E_1）と価電子帯（E_3）とそれらの間に不純物原子によるエネルギーレベル（E_2）をもつである。この媒質に $E_3-E_1=hv_{13}$ の励起光をあてると E_1 の電子は E_3 に励起される。E_3 の電子は不純物原子によるエネルギーレベル（E_2）には容易に移行するが，E_2 から E_1 への移行は遅く，E_2 レベルに電子がたまる。そこに $E_2-E_1=hv_{12}$ の励起光があたると E_2 レベルにたまった電子も E_1 に移行するため，増幅された光が発生する。この hv_{12} の光がキャビティ内をくり返し往復して定常波を形成しさらに増幅される（図 8-18）。

内視鏡（ファイバースコープ）　　内視鏡（Endoscope）は，おもに人体内部を観察することを目的とした医療機器である。本体に光ファイバーなどを用いた光学系を内蔵し，先端を体内に挿入することによって内部の映像を生体外のディスプレイで観察することができる。最近では観察以外にある程度の手術や標本採取ができるものもある。

ファイバースコープには，光ファイバーを用いたものと CCD カメラを用いたものとがある。多くの内視鏡は光学系とは別の経路をもち，局所の洗浄，気体や液体の注入，薬剤散布，吸引，専用デバイスによる処置などが可能である。経路数と送気の有無は気管支，胃，小腸，大腸などの用途によって異なる。

光ファイバーはコア（core）と呼ばれる芯とその外側のクラッド（clad）と呼ばれる部分，さらにこれらを覆う被覆層の 3 重構造になっている。クラッドよりもコアの屈折率を高くすることで，全反射や屈折によりできるだけ光を中心部のコアにだけ伝搬させる構造になっている（図 8-19）。コアとクラッドはともに光に対して透過率が非常に高い石英ガラスまたは光線透過率の高い高分子材料でできている。一般的な石英ガラスを使った光ファイバーのコアとクラッドの屈折率の差は，わずかに 0.3% 程度である。光ファイバーの中で失われる光の量は 1 km で数 % 程度である。

表8-18 医療用レーザーの特長

分類	名称	波長／nm	利用と特長
気体	Ar⁺ レーザー	488・515	青色～緑色の可視光レーザー，浸透型レーザー，ヘモグロビンによる吸収が高い。PDT（光線力学療法）にも利用。
気体	He-Ne レーザー	633	朱色の可視光レーザー，内科的レーザー治療に利用。
気体	CO_2 レーザー	10,600	象牙質透過性をもたない表面吸収型レーザ，100 W級の高い出力。血液凝固作用をもち，組織切開などの軟組織に利用。
固体	Nd:YAG レーザー	1,064	水，生体組織の吸収率は中程度。血液凝固作用をもち，黒色色素に高い吸収性をもつ。
固体	Er:YAG レーザー	2,940	軟組織硬組織両用のレーザー，水と骨（ハイドロキシアパタイト）の吸収が高い。
半導体	半導体レーザー	655-980	組織透過型レーザー，軟組織用レーザー，赤血球への吸収性が高い。

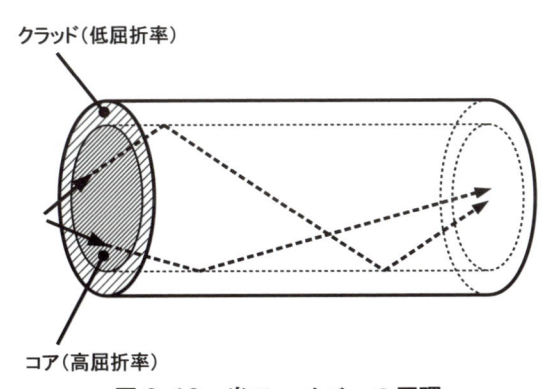

図8-19 光ファイバーの原理

電池と材料

電池を分類すると下表のようになる。この中で重要なのは化学電池で，乾電池，アルカリ電池，鉛蓄電池，ニッケル水素電池，リチウムイオン電池などが実用的に使われている。時計やメモリーバックアップなどに酸化銀電池やリチウム電池などの1次電池が大量に使われている。一方，繰り返し充電して使うことができるものを2次電池という．従来，2次電池は自動車に使われる鉛蓄電池であっが，近年，ニッカド電池（NiCd）が登場し，ニッケル水素電池（NiMH），リチウムイオン電池（Li-ion）へと進化した。

名称	負極	正極	電解質	電圧/V	用途
\multicolumn{6}{c}{1次電池 (primary battery)}					
マンガン乾電池	Zn	MnO_2, C	$ZnCl_2$	1.50 (1.60)*	家電，玩具等の単1から単5形電池
アルカリ乾電池	Zn	MnO_2, C	KOH, $ZnCl_2$	1.50 (1.60)*	家電，玩具等の単1から単5形電池
オキシライド乾電池	Zn	NiOOH, MnO_2, C	KOH	1.50 (1.70)*	家電，玩具等の単1から単5形電池
リチウム電池	Li	MnO_2	有機電解液	3.0	時計，電卓，小型電子ゲーム，各種メモリーバックアップ，電子体温計
フッ化黒鉛リチウム電池	Li	CF	有機電解液	3.0	電気，ガス，水道等の公共公益設備のメーター，火災報知器などの電源
空気亜鉛電池	Zn	空気O_2	KOH	1.34〜1.40	補聴器，PHS
酸化銀電池	Zn	Ag_2O	KOH, NaOH	1.55	時計，補聴器，カメラ，電子体温計
\multicolumn{6}{c}{2次電池 (secondary battery または rechargeable battery)}					
鉛蓄電池	Pb	PbO_2	希硫酸	2.0**	自動車
ニッケルカドミウム電池	$Cd(OH)_2$	NiOOH	KOHaq.	1.2**	ラジコンなどホビーの分野，電動工具用の蓄電池
ニッケル水素2次電池	水素吸蔵合金	NiOOH	KOHaq.	1.2**	デジタルカメラ，携帯音楽プレーヤー，ハイブリッドカー，パソコン
リチウムイオン2次電池	C	$LiCoO_2$	炭酸エチレン+$LiPF_6$	3.0〜3.6**	携帯電話，デジタルオーディオプレーヤー
NAS電池	Na	S	β-Al_2O_3	約2.0**	非常用電源兼用システム，中規模の電力貯蔵

*初期電圧，**1セルあたり電圧

参考図書

守吉佑介,門間英毅ほか編,『無機材料必須300』,三共出版(2008).

(社)日本セラミックス協会編,『これだけは知っておきたいファインセラミックスのすべて(第2版)』,日刊工業新聞社(2005).

(社)日本セラミックス協会編,『初めて学ぶセラミック化学』,技報堂(2003).

山下仁大・片山恵一・大倉利典・橋本和明著　工学ための無機化学　サイエンス社(2002).

片山恵一・大倉利典・橋本和明・山下仁大著　工学ための無機材料科学　サイエンス社(2006).

新井康夫,『セラミックスの材料化学(改訂第3版)』,大日本図書(1985).

新井康夫,『粉体の材料化学』,培風館(1995).

宮本武明監修,『学生のための初めて学ぶ基礎材料学』,日刊工業新聞社(2003).

小薗勉,岡田正弘,『ヴィジュアルでわかるバイオマテリアル』,秀潤社(2006).

高分子学会編集(岩田博夫),『バイオマテリアル』,共立出版(2005).

索 引

あ 行

足場材料　128
圧電効果　16
圧電体　62
アナターゼ形　98
　——二酸化チタン　98
網目形成酸化物　52
網目修飾酸化物　52
アモルファス　40
安定化ジルコニア　96
イオン結合　34, 48
イオン結晶　34
鋳込み成形　82
一軸加圧成形法　82
1次元構造　114
液晶ポリエステル　7
エコマテリアル　4
エネルギーギャップ　36
エネルギーバンド　36
応力拡大係数　60
応力-ひずみ曲線　10
応力誘起相変態強化機構　96
押出成形法　82

ESR　18
FZ法　88
LCA　4
NAS電池　110
NMR　18
SZ: stabilized zirconia　96

か 行

加圧成形　82
開気孔　84
回転引き上げ法　88
化学結合　8
化学的気相蒸着法　90
拡散　72
核磁気共鳴　18
化合物系太陽電池　108
可燃性　12
ガラス転移現象　52
ギブズの相律　42
強磁性　64
共晶温度　44
共晶点　44
共有結合　24, 48
強誘電体　62
キレート　32
金属結合　36
金属材料　20
グラファイト　110
クリープ　10
グリーンケミストリー　6
クーロン力　48
結合次数　28
結晶構造　68
結晶性多結晶体　58
結晶粒界　70
原子価　24
光学的性質　14
抗カビ効果　98
格子欠陥　10
格子定数　68
合成原料　78
光電効果　14
黒体放射　14
コバルト酸リチウム　110
コヒーレントな光　132
固溶体　42
混成軌道　30

さ 行

錯イオン　32
錯体　32
錯体重合法　80
サーミスタ　132
　——, NTC　132
　——, PTC　132
3次元構造　114
色素増感太陽電池　108
磁気的性質　18
磁気共鳴スペクトル　18
磁性　18
　強——　18
　常——　18
　反——　18
　フェリ——　18
射出成形法　82
循環型社会　4
焼結反応　72
焦電体　62
蒸発-凝縮　72
蒸発—凝縮機構　84
常誘電体　62
ショットキー欠陥　70
人工股関節　128
刃状転位　70
侵入型固溶　70
水素結合　34
水熱合成法　88
スーパーオキサイドアニオン　98
正孔　37, 64
脆性破壊　48
生体吸収性セラミックス　116
静電力　48
積層欠陥　70, 71
絶縁体　62
接合　106
ゼーベック効果　112
セラミックス　48
　——材料　20
　——センサ　132
　——, エンジニアリング　100
　——, 高温材料　100
　——, 生体活性　116
　——, 生体不活性　116
　——, 先進　50
　——, 伝統的　50
セルフクリーニング　98
線欠陥　70
相転移　42
組織工学　128
塑性　10
ゾルゲル法　80

CVD: chemical vapor deposition　90
σ結合　28

た 行

体心立方格子　38
体積拡散　72
　　──機構　84
耐熱性　12
単位格子　38, 68
単一体　58
単結晶　88
　　──体　58
炭酸アパタイト　116
単純立方格子　38
弾性　10
　　──率　60
炭素　110
置換型固溶　70
地球温暖化　4
超伝導　16
てこの原理　44
テープ成形　82
電気的性質　16
電気伝導度　16
電気二重層キャパシター　16
電気容量　16
点欠陥　70
電子　64
電子スピン　18
　　──共鳴吸収　18
電磁波　22
天然原料　78
ドクターブレード法　82

な 行

内部エネルギー　12
2次元構造　114
熱間静水圧成形法　86
熱起電力　12
ネック部　84
熱的性質　12
熱電素子　112
熱伝導性　12
熱伝導率　60
熱膨張　12

熱膨張率　60
熱容量　12
燃料電池　108
　　──, 固体酸化物型　108

は 行

配位結合　32
バイオセラミックスの生体適合性　118
破壊靱性値　60
発光　14
　　──ダイオード　14
半導体　16
　　──, n型　64, 106
　　──, p型　64, 106
光起電力　14
光触媒　98
　　──性能　98
光センサー　14
光の三原色　14
光ファイバー　134
非共有電子対　24
非結晶固体　58
非晶質　40
　　──固体　52
引張試験　10
引張強さ　10
ヒドロキシラジカル　98
比熱　12
比熱容量　60
表面拡散　72
　　──機構　84
疲労　10
フィックの第一法則　72
フェリ磁性　64
フォノン伝導　62
複合材料　10
複合体　58
フックの法則　60
物理的気相蒸着法　90
不燃性　12
部分安定化ジルコニア　96
浮遊帯溶解法　88

ブラベー格子　46, 68
フレンケル欠陥　70
分子間力　20, 34
分子軌道　26
閉気孔　84
ベータアルミナ　110
ベールの法則　14
ホスト－ゲスト現象　114
ホットプレス法　86
ホール　37, 64
ポルトランドセメント　54

PSZ: partially stabilized zirconia　96
PVD: physical vapor deposition　90
π結合　28

ま 行

マイスナー効果　18
面欠陥　70
面心立方格子　38

や 行

誘電分極　16
溶液　42

ら 行

ライフサイクルアセスメント　4
らせん転位　70
力学的性質　10
リチウムイオン電池　110
立方最密構造　38
粒界　58
粒界拡散　72
　　──機構　84
流動機構　84
β型リン酸三カルシウム　116
ルチル形　98
冷間静水圧成形法　82
レーザー　14, 132
六方最密充塡構造　38

著者紹介

橋本和明（はしもとかずあき）
- 1993年　千葉工業大学大学院工学研究科博士後期課程修了
　　　　博士（工学）
- 現　職　千葉工業大学教授
- 専　門　セラミックス材料化学

小林憲司（こばやしけんじ）
- 1986年　早稲田大学大学院理工学研究科博士後期課程満期退学
　　　　博士（理学）
- 現　在　千葉工業大学教授
- 専　門　物理化学

山口達明（やまぐちたつあき）
- 1968年　東京工業大学大学院理学研究科博士課程修了
　　　　理学博士
- 現　在　元千葉工業大学教授
- 専　門　有機資源化学

E-コンシャス　セラミックス材料（ざいりょう）

2010年4月10日　初版第1刷発行
2023年4月10日　初版第3刷発行

　　　　　　　　　橋　本　和　明
ⓒ　著　者　小　林　憲　司
　　　　　　　　　山　口　達　明
　　発行者　秀　島　　　功
　　印刷者　江　曽　政　英

郵便番号 101-0051
東京都千代田区神田神保町3の2
振替 00110-9-1065
発行所　三共出版株式会社
電話 03-3264-5711　FAX 03-3265-5149
http://www.sankyoshuppan.co.jp

一般社団法人 日本書籍出版協会・一般社団法人 自然科学書協会・工学書協会　会員

Printed in Japan　　　　　　印刷・製本　理想社

JCOPY 〈(一社)出版者著作権管理機構 委託出版物〉

本書の無断複写は著作権法上での例外を除き禁じられています。複写される場合は、そのつど事前に、(一社)出版者著作権管理機構（電話 03-5244-5088, FAX03-5244-5089, e-mail:info@jcopy.or.jp）の許諾を得てください。

ISBN 978-4-7827-0611-4